LE GRAND MENSONGE

Le dossier noir de la vache folle

by Eric LAURENT

終りなき狂牛病——フランスからの警鐘——

目次

終りなき狂牛病——フランスからの警鐘——　目次

序　9

1　食人族　21

抑制不可能にして不可解なプリオン　25／ゆっくりと、容赦なく死を迫るもの　29

2　食卓の危機　35

斥けられた科学者たち　38／口封じ始まる　40／秘匿された情報　43

汚染牛肉　47／血液中のリスク　49／神経の感染性　49

3　屠場のリスク　55

健康な肉にも汚染が——　59／犠牲になった屠場労働者たち　61

4 飼料混合による汚染 69
無害の飼料と肉骨粉が入り混じる 71

5 土壌汚染 75
ある模範的な農夫の転落 79／錯綜するリスク 82／人間にも土壌感染のリスクが 82

6 保存にまつわる疑惑 87

7 「フランスの狂牛病は始まったばかり」 93
「リスクなんてどこにもない」 96／狂牛病の隠れた症例 99

8 「NAIF」と「スーパーNAIF」は大きな陰謀か 103
避けられない母子感染 108

9 病原となる肉骨粉 113
リスクは消えない 117／常軌を逸した偏重 118

10 肉骨粉――全面禁止は一時的か―― 123
肉骨粉の輸入解禁を断行？ 126

11 ウィルス説もある狂牛病 131

12 リスクは牛肉だけか 135
「フランスの食糧モデルを侵害するな」 137／風評被害を防ぐために現実を隠す 140
鶏肉の危険 10／他の動物種にも伝染するＢＳＥ 143

13 羊――狂牛病の原点―― 145
豚・ネコなどの動物種 149

14 牛乳と母乳の感染性 151
「警告に値しないリスク」 155

15 アメリカの狂牛病 161
毎年三万頭の牛が死んでいる 163／グローバル化で狂牛病が増大 165
シカの感染 167／自由に移動するプリオン 170

16 検査——遅れた措置とその限界—— 173

17 フランス政府の将来不安 179
消費者にまわるツケ 181／事態の大きさに気づく国民 182

18 新変異型ヤコブ病の血液感染 189
危険は依然、隠される 194／新たな段階に入ったばかり 198

事実をさらに隠蔽　201

19　病院の危険　205

責任は問えても罪は問えない？　212／ヤコブ病、それともアルツハイマー病　217

注　221

関連年表　231

訳者あとがき　239

序

実際のところ、いま狂牛病はどうなっているのだろう。これはもう取るに足らない問題なのだろうか。心配ないという発表ならいくらでもある。それでも社会不安は長引いている。フランス政府は、そのあいだ嘘ばかり繰り返してきた。本書で述べるように、この社会不安を当初から制してきた畜産業界のロビー活動と衝突しないよう、狂牛病をささいな問題として片づけているのである。

一九九六年以来、フランス国立衛生医学研究所（ＩＮＳＥＲＭ）のフィリップ・ラザール所長は、政府の人々、ついでに言えば同研究所の予算を決める人々を擁護してきた。

「決定的な疫学データ（たとえば発症頻度など）が不足している以上、ヨーロッパ全土を不安に追いやるような結論は出せない。その場かぎりで科学的根拠のほとんどない憶測にもとづいて、パニックの反応を引き起こすことは容認できない」

一九九六年三月二七日の『フィガロ』で、ラザール所長はそう言っている。

ラザール所長のいう「憶測」とは、ジーン・ウェイク、レン・フランクリン、ケビン・ストック、バーバラ・リディアートといった人たち（訳注1）の例を指す。この人たちは、数カ月間ひどく患ったあげく、脳がスポンジ状になって死んでいった犠牲者たちだ（犠牲者は現在、一〇〇名近くにのぼる）。所長の発言に見える科学者ぶったうぬぼれこそ、今日までまかり通ってきた政治的発言をものの見事に裏打ちしている。というのも、この人物は調査研究所の所長でありながら、その論証能力はわれわれにとって理解不能だ。さらには、筆者が取材してきたすべての著名な科学者たちの理解をも超えている。プリオンの問題について所長よりもずっと詳しい人々の理解をだ。本書では、この病気に関する科学者たちの証言を全編で公開することになる。

フィリップ・ラザール氏の発言は、要約すれば次のようなものである。

「少なくとも当面は憂慮すべきでない。見つかったのは、まだほとんど何も知られていない致死症なのだから――」

プリオン病の世界的な権威のひとりであり、イギリス有数の伝染病研究者でもあるコリンジ教授は、一九九七年以来、こうしたとらえ方とはかなり違った見通しを描いてきた。トーマス・スタッタフォード博士が『タイム』に書いた記事の中で、コリンジ教授は説明している。

「新変異型クロイツフェルト・ヤコブ病の重大な感染可能性を無視すると、医学者が見ても、大衆が見てもおかしなことになるでしょう。ただし、汚染された牛肉を食べたことによって、実際に何人の人々が感染したかということについては、約十年を経なければ誰にもわかりません。これは時間だけが回答し得る問題のひとつなのです。

イギリスで猛威を奮っている新変種型クロイツフェルト・ヤコブ病では、感染性プリオンが牛と人間との種の壁を超えて感染していることになります。実際の事例からわかるのは、この病気の潜伏期間が通常の二倍、すなわち二十年から三十年に及ぶことです」

コリンジ教授は続ける。

「われわれの責任は重大です。われわれの発言が、取り返しのつかない経済的ダメージをもたらしかねないということを忘れてはいけません。とはいえ、これが本当の伝染病である可能性は、最も確からしい仮説でもあるため、なおさら否定はできません。われわれは、数万人の死者をともなって発生するかもしれない災禍に備えておく必要があります。そうした事態がありうるかどうかはまだわかりませんが、手をこまぬいて見ていられないのは確かです。われわれはいま、何かしなければならない。病気の性質についてだけでなく、治療の施し方についても答えを見い出さなければなりません」

それから三年経ったが、治療に関する研究は進んでいない。病気の正確な性質についても同様である。変わったのはイギリス政府による公式推定値で、一九九七年には最大で数万人の死者とされていたのが、イギリスの微生物学者、スティーブン・ディーラーの資料によれば、最大で二五万人の死者となっている。

奇妙なことに、どうやら政治家たちは、原因不明の伝染性難聴という感染症に冒されているらしい。その病気は、右派にも左派にも同じ毒性をもって伝染し、風変わりな症状をもたらす。つまり、知性や勇気のあらゆる働きを封じてしまい、われわれが注意を喚起する話題に対して、聞く耳をもたなくさせるのである。

二〇〇〇年一月二十日、科学雑誌として名高い『ニューサイエンティスト』に発表された記事は、未来のことさら暗澹としたイメージを与える。ある有名な研究チームが、実際のデータをもとに症例数の予測モデルを設定したのである。

「一九九九年にイギリスの死者が一五人以下なら、その後二十年から三十年の間に、イギリスでこの伝染病が五〇万人以上の死者を出すことはない。二〇〇〇年に死者の数が増加しなければ、この伝染病の犠牲者は一万四〇〇〇人以下となる」

今度はさほど極端ではないが、またしてもおかしな出来事がこれに続く。

引用した記事は、二〇〇〇年の初めに発表されたものである。当時はその記事が行き着く結論、つまり壊滅的な伝染病になるか、あるいは逆にささいなものになるかは誰も知り得なかった。すべてはイギリスで二〇〇〇年に生じる死者の数に依存していた。

ところがその数字は、壊滅的なものになった。実際の大量死に関する仮説を正当化するものとなったのである。すなわち、二〇〇〇年一月から十二月までのあいだにイギリスで二七人の死者（うち二五人は確認済み、二人は検死中）が出たことから見て、五〇万人には達するだろうとの仮説である。簡単にいえば、最も権威ある科学雑誌のひとつが認めた研究によって、破滅的なシナリオが打ち立てられたことになる。

研究者自身が前例のない出来事と認めたことを前にしては、いつもながらの政治的発言だけでは済まなくなった。そこで、考え直された……。

報告書の執筆者たちは、自分たちのそれまでの研究が不十分だったと説明するようになった。じつのところ、自分たちの間違いだったのかもしれない。これまでの推計を再検討したところ、死者が一三万人以上になるとは思われない、と——。

これでもまだ大きな数字には違いない。それにしてもこの「修正」は、精度の高い情報が国民世論に浸透するのを防ごうとする一定の改竄があることの証拠である。

正確なところ、こうしたモデルや予測から何がわかったのだろうか。一九九九年の死者は一五人だった。だからその後三十年間で、イギリスにおける死者の数は五〇万人を超えないとするのが道理である。しかし一方で、二〇〇〇年には二七人の犠牲者がすでに調査ずみだ。死者一万四〇〇〇人という予測のための統計的限界を優に上まわっている。

何しろ今年二〇〇〇年は、まぎれもなく死者が非常に増加しているのである。症例数が英国で急増している。英国の進行状況よりもおよそ十年遅れているフランスでは、最初の死亡者が出始めたところだ。一月十七日に『ガーディアン』の記事は、情報がフランス国内まで届いてはいなかったものの、長いことわれわれに隠されていた事態の拡大について公表した。欧州連合科学委員会は一月十六日、「家畜に危険はないと断言している政府もあるが、数百万人のヨーロッパ人は、BSEの人体版であり致死病である新変異型クロイツフェルト・ヤコブ病にかかる危険にさらされている」と発表している。「いくつかの国では、たった一頭の病気の牛に由来する感染物質でも、それが食物連鎖に入り込めば、四〇万人もの人々が病気の臨床的兆候を示すことなく感染している可能性がある」(訳注2)

イギリスでBSEの症例が増えていること、そしてフランスでこの病気が発生していることは、次のような決定的な問題提起につながる。なぜフランスの指導者たちは、数年にわたってこの出来事をイギリスだけの問題だと平気で偽ってきたのか。イギリスとフランスのあいだで行なわれているさまざまな貿易や、いまも行なわれている肉骨粉と英国牛肉の不正取引を考えれば、隣国イギリスで大量の死者を出しつつある病気をフランスが免れるなどというのはまやかしだったことがわかる。イギリス狂牛病のわが国への余波は、現在のところ約一万二〇〇〇人の死者数になると予測されている(プリオン研究の専門家、スティーブン・ディーラーによる)。約六千人に一人の死者である。「ジュルナル・ド・ヴァントゥール」(訳注3)で報道していたこの外来病が、フランス国民に致命的な脅威となって接近しつつあるのだ。しかもこの数字は、ディーラーがイギリスの最も楽観的なデータにもとづいて計算したものだということを忘れてはならない。

だがこれも氷山の一角にすぎない。わが国では、国産の感染牛を消費したこと（国産牛肉の消費は、政府機関がこぞって奨励したことである）が原因で、狂牛病が拡大している。この問題は、もはやイギリスとの関わりだけにとどまらなくなっている。

フランスで生じる死者の数を、何らかの正確さをもって予測するのは不可能である。しかし、フランスの海岸から四〇キロ離れたイギリスで狂牛病が五〇万人までの命を奪うこともあり得るなら、最悪の予測をしておくことが筋道といえる。

現状は、これらの数字によって予想されるよりもいっそう深刻である。実際、すべての推定値は牛の総数におけるBSEの有病率のみにもとづいている。まるで牛が狂牛病に関して知られている唯一の媒介動物であるかのようにだ。ところが、残念ながらそれは正しくない。現在では、羊の肉がきわめて危険であることがわかっている。(原注1)すべての外科医療器具、わが国の医薬品に使われている糖衣(訳注4)の大部分、そして輸血も感染物質を広めることが知られている。

こうした要素は、疫学的予測を立てるときにまったく考慮されていない。その結果、実際の数字はおそらくこの二〜三倍、あるいは十倍になることもあろう。しかも、新たに感染した人がそれぞれまた別の犠牲者に（輸血、外科手術などによって）伝染させる可能性があるという見通しに立てば、その数字はますます大きくなる。

いずれにせよ、大規模な伝染病ということになる。おそらくわれわれが二〇世紀に直面したことのない、公衆衛生の最も大きな問題である。治療や集団検診の方法がまったくないため、われわれはペストやコレラというとてつもない伝染病がはびこった中世の祖先たちと同じ立場にあるのである。

政府の広報によって広められた考え方とは逆に、この問題はイギリス国内だけの話ではない。ヨーロッパ全土に拡がっているのだ。一方、フランスでほとんど知られていないパプアニューギニアの人々についても、本書ではひとつの章を割くことになる。肉骨粉も先進国特有のものではない。交通網の発達により、それはモスクワやカイロまでいまも行き渡っており、手のつけられない地球規模の事態になっている。

モロッコ中心部のアル・ジャディーダ地方では、牛にふりかかる奇妙な病気が見つかり、ほどなくしてそれはBSEとされた。しかしここでも頭の痛い問題が起こった。新聞はそれら家畜が栄養失調で死んだのだと説明して、BSEを公式に否定したのである。

WHO（世界保健機関）はこのほど、BSEの世界的な感染の可能性をはっきりと示した。WHOの専門家によれば、「肉や肉骨粉の輸出によって、病気の拡がりはおそらくすでに世界的な性格を帯びており、私たちの懸念も本質的にそのことから来る」という。

欧州連合の機関によれば、欧州連合一五カ国から輸出された肉や感染物質の輸入国である二七カ国が、とくに要注意とのことである。

狂牛病の事件は、わが国の政府機関が事実を承知の上で行なった隠蔽と改竄によってもたらされた結果にほかならない。

「情勢が危ぶまれている」と欧州委員会のスポークスマンは発表した。「この問題の重要性は、そろそろ各国政府で認識されているのだろうか。イギリスの狂牛病から十五年たったが、汚染された肉がヨーロッパで流通しないようにするため、しかるべき対策を取る準備はできているのだろうか」

実際、この役人も肉の消費にしかふれていない。それというのも、わが国の行政当局がひとつのことしか気にしていないからである。肉、牧畜農家、そして農業協同組合だ。たとえ消費者を見殺しにするとしてもである。

本書の初めの部分では、これまでわれわれの目から注意深く隠されてきた食物消費の危険性について述べる。風評を抑えようとする農業協同組合の発表には、あちこちに嘘があることがわかるだろう。たとえば、「フランス国産肉」のラベルを貼った肉は、プリオンの脅威に対する衛生面の保証にはほとんどならない。牧畜業連盟(訳注5)は、かつても偽り、いまも偽り続けている。これら善良なる牧畜家たちは、最初の被害者を代表しており、自らの牛たちが死んでいくのを目のあたりにして嘆きつつも、それをいかがわしい産物で肥らせ、奴隷動物のように惨めに生かしてきたことについては何も語らずにいる。酪農家が「あんなにも愛していた」という家畜たちの供用年数は八年。出産年齢に達するか、必要により人工授精をして出産するサイクルのなかで、牛乳を生産することにほぼ一生を費やし、最後に屠畜される。

『マリアンヌ』（二〇〇〇年十一月二十日〜二十六日号）によれば、ＦＮＳＥＡ[訳注6]は最優良乳牛コンクールを毎年開催してきたが、「その搾乳記録は、肉の粉や獣医学薬品を大いに援用しなければ不可能」だという。この「肉の粉」というのが、牛の骨や肉を茹でて作った粉、いわゆる肉骨粉のことである。今日では、誰もがそれを危険なものだと知っている。

すべてを説明するには、ひとつの数字を挙げれば十分だろう。こうした添加剤を与えられ、四歳で屠畜される一頭の牛は、泌乳期（三百五日）ごとに一万キログラムの牛乳を生産する。これに対して草で育ち、十年生きた牛が生産するのは五〇〇〇キログラムである。

本書では、フランス以外のヨーロッパの国々が狂牛病で汚染されているなか、この病気をひとり免れているとするフランス国産肉の神話に一役買う酪農家たちの嘘を、ひとつひとつ解説していくことになる。当時はチェルノブイリ原発事故の放射能雲でさえ、奇跡的にフランスの手前で止まったといわれたほどである。

狂牛病は事実である。現在、この伝染病はわれわれのあいだで静かに進行している。本書の最終部分では、動物と人間のあいだだけでなく、人間と人間のあいだでもこの病気が新たに拡大していることを明らかにする。すなわち、血液、外科器具、臓器移植、ある種の医薬品の糖衣といったものは、人から人へプリオンを伝染させる可能性がある。

未来はわが国の酪農家たちや、その主務官庁がでっちあげているような楽観的なものではない。それなのに、嘘はまだ続いているのだ。

1 食人族

パプアニューギニアの湿潤かつ奥深いジャングルで、フォア族はいまのわれわれを待ち受ける多難な前途とよく似た運命をたどった。人跡未踏の谷間に閉ざされたフォア族の世界は、霧に包まれた分水嶺で村のまわりを仕切られていた。村人の誰もそこを踏み越えることはなかった。分水嶺の外側は、悪魔と精霊の世界だった。そこではよその言葉が話され、よその儀式が行なわれ、近隣部族の闘争が暴力による殺戮や、信じられないような残虐行為をもたらしていた。人々はそんな事情で村にこもっていたのである。この隔離された完全な自給自足の小村は、昔からこんなふうにして続いていた。しかし彼らの世界は、ほどなくして神経の病に足元をすくわれることとなった。

フォア族は食人の儀式を行なっていた。じつをいうと、それは非常に特殊な食人習慣である。彼らは欲望のままに、あるいは空腹に駆られて互いを食い合っていたのではない。そうではなく、この山岳民族社会はきわめて体系化された習慣に従っていたのだ。すなわち人が死ぬと、女性が死者の頭蓋骨を割って脳を取り出す。一定の儀式に従いつつ、女たちはその脳で白く濁った一種のスープを作り、村の住民たちにふるまうのである。

しかしたった一個の粒子が、この決まりきった習慣に歯止めをかけた。プリオンである。プリオンはどのようにして出現したのだろうか。それはおそらく突然変異の所産であり、今日定義されているように「散発性」のケースだった。何百万という人間の生命のうち、たったひとつの生命にしか見られない変異。非食人族の社会で典型的に見られる環境では、患者が外来の病気や未知の病気で死んだとしても、死んだところですべてが終わる。プリオンは死者とともに消滅するだろう。しかし、フォア族のあいだではそうは行かなかった。

脳を食べられた最初の死者は、伝染病の発生源であり、それは一九世紀末にまでさかのぼる。事件はそのときから始まった。(訳注7)

フォア族の世界は、想像以上にわれわれの世界と似ていた。われわれはメディアのおかげで、イギリスの狂牛病についてリアルタイムで知っている。またわれわれは、フランス国内で最初の症例が出るという非常事態に直面し、不安を覚えている。パプアニューギニアのジャングルでもやはり、誰もが顔見知りの小さな村をニュースが容易に駆けめぐる。はじめはゆっくりと、海面状脳症の特徴である数十年の潜伏期間と歩調を合わせて――。現地の反応は最初の二十～三十年間、今日のわれわれの特徴的な反応と似通っていた。つまり不安を覚えたわけだが、最初の症例のときは、まだパニックの感情とは程遠いものだった。この時期には、赤痢の方がよほど多くの山岳民族の命を奪っていたのである。今日では状況が一変し、八三人のイギリス人の死者と三人のフランス人患者が出たこの病気よりも優先順位をもっているのは、AIDSやガンといった病気だけではないだろうか。

伝染病の大きな脅威は、フォアの小さな世界をゆっくりと取り巻いた。最初に食べられた死者（今日では「第0患者」と呼ばれる）から十五年後、死亡者はまだ数十人にとどまっていた。だが半世紀後、事件の拡がりを知らずにいることはできなくなった。どの村でも、どの家でも、抑制のきかないスピードで死亡者が出ていた。

気になる詳細がある。女性が最も多く感染していたのだ。実際、死体を解剖したり脳を調理したりするのは、つねに遺体の母親か妻で、そこに感染物質との直接の関係が見い出された。切り傷の場合、顕微鏡でもわかるが、プリオンは血管の内部に浸透する。専門家はこれを食物摂取経路の一万倍も効率的な感染経路だと考えている。

山奥の村は一気に瓦解した。人々はたがいの呪術のせいだとなじり合い、その子孫への復讐や近隣部族の虐殺を行なった。この静かな殺戮を邪悪な呪術師が呼び起こした悪魔の仕業だと信じて、犠牲をささげたり、見せしめや願かけをする者もいた。

一世紀もたたないうちに、この村全体が混沌と化した。事件の発端と見られた食人習慣に終止符を打つには、オランダの宣教師たちによる介入が必要だった。約五十年前の話である。フォア族のかなり老いた山岳民のひとりが二〇〇〇年に海綿脳症で死亡したが、感染からは四十年以上も経っていた。

本当のところわれわれは、プリオンに対してフォア族以上に備えができているのだろうか？間接的な手段によるとはいえ、われわれはフォア族よりも限りなく下品な理由で共食い族となった。精肉業を効果的に営むため、牛たちに死体の共食いをさせたのである。そしてこの牛たちの何頭かに、人間に伝染する可能性のある感染物質がはびこったのだ。

われわれは伝染病を「創造」したわけだが、それがどの程度までか、またどんな結末にいたるのかは、もう誰も声高に語らずにいる。責任者はわれわれか？　いや、むしろ良心に恥じない、ひと握りの食品製造業者たちだ。その次が酪農家（なかでもあらゆる品評会に耐えるよう、家畜を肥やすことしか考えない人々）、さらには政府の人々である。政府は家畜の骨を再利用するという方法しか見つけることができず、フランスだけで数十万トンの骨粉が生産されている。

われわれは無知からでなく貪欲さから、または理性の放棄から、現代的な「村社会」の落とし穴にはまってしまった新たなフォア族なのである。

抑制不可能にして不可解なプリオン

「プリオン」とは「タンパク性感染粒子」（proteinaceous infectious particle）を表わす英語の略称である。一九八〇年代初めに米国カリフォルニア大学の神経生物学者、スタンリー・プルシナーによって初めて使われた。

われわれはウィルスについてならよく知っている。さまざまな厚みをもったタンパク質の胞衣の中に、ウィルスの種類によってＤＮＡまたはＲＮＡがある。ウィルスは自己を複製するため、細胞に寄生し、その中にある再生物質を借りる必要がある。ウィルスの記憶物質は、自己の正確な構造の複製を作成し、今度はそれらが新しい細胞に侵入する。科学者たちは、すでにこのあたりでプリオンの問題を解明しきれずにいた。プリオンがウィルス性の物質かどうかという論争は、「二一世紀の課題」とされた。事実、プリオンのような一連の寄生物質の存在は、これから数世紀のあいだ、世界の研究者たちを忙しくすることになるだろう。

残念ながら、プリオンは早く見つかりすぎた。米国国立衛生研究所（ＮＩＨ）の海綿状脳症専門家であるアメリカ人ポール・ブラウンは、プリオンを「われわれの知っている生物学的存在とはまったく相容れないものだ」と説明する。というのも、そのときすでにプリオンの「発見者」であるスタンリー・プルシナーにノーベル賞が授与されていたものの、われわれはプリオンの機能についてあまりわかっていないからである。

ほとんどの専門家の話によると、バクテリアやウィルスはこの病気の原因ではないらしい。ただひとつのタンパク質が原因なのだ。通常、タンパク質はより複雑な病原物質の一部をなし、感染を引き起こすことができる。

いずれにしても、タンパク性感染粒子――プリオン――はひとつしかないのである。プリオンはウィルスと違って増殖しない。このタンパク質損傷物質は、ただ接触しただけで類似の物質を汚染する。

プリオンは、通常の形態では多くの生物種の中に見られる。体内におけるプリオンの機能と正確な役割については、やはりほとんど知られていない。ある専門家は、プリオンが神経細胞膜の「維持」機能を果たしているとする。もっと広く見ると、その役割が何であれ、プリオンは宿主細胞（ホスト）が生存するうえでなくてはならないものだという見解の一致を見ている。プリオンタンパク質の遺伝子を発現させないようにＤＮＡを操作した遺伝子組み換えハツカネズミの実験が行なわれたが、何度やってもハツカネズミは死んだ。

われわれの生存になくてはならないこの物質は、その後どうやって破壊的な物質に変わるのだろうか。どのようにして感染性になるのだろう。答えは構造変化にある。

タンパク質は、たえず新しくなろうとする。われわれの細胞の構成物質である酵素によって、自然破壊されるのである。酵素は体の組織を「育てる」目的で、タンパク質を細かく分解する。生存期間の終わりに、タンパク質はエネルギーを供給し、体組織は細胞レベルでそれを必要とする。

この酵素は、きわめて精密な機械にたとえることができる。大きな長方形の金属板から一〇枚の小さな正方形の金属板を作ることのできる機械を例にとってみよう。長方形の板のかわりに、円筒形の板をこの機械に挿入したらどうなるだろう。予期した結果は得られないはずだ。

人体レベルでも同じことが起こる。酵素という「機械」に挿入されたタンパク質が、日頃から酵素の扱っている物質と同じ形や性質をもっていなければ、うまく機能しない。このとき長方形の金属板を作る機械に入れられてしまった金属チューブ、それが感染性タンパク質である。

この感染性タンパク質は、通常はプロペラに似て、ところどころ平べったい。酵素は変形した形質を認識できないので、感染性タンパク質を「壊す」ことも、育てて変形させることも、消滅させることもできない。変形したタンパク質は人体にとどまり、細胞分裂でできた新しい細胞を汚染する。

これが蓄積されると、患者の細胞に変質をきたす原因になる。

ある専門家によれば、「壊れない」タンパク質が集中して量が多くなりすぎると、われわれの体はきわめて不本意な術策を用いて、それを切り捨てようとする。細胞が自殺するのである。つまり、外部からの侵入に対抗するため、人体の細胞は生物学者が「アポトーシス」(訳注8)と呼ぶメカニズムを用いる。細胞は、ある種のきっかけが生じると、不法侵入者を排除するために自らの死をプログラムする。ニューロン(神経細胞)は自己複製をしないという特徴をもっているため、ニューロンが次第に消失すると、患者は否応なしに酷たらしい最期を迎えることになる。病気の臨床的症状については、後章でまた述べることにする。

このプリオンタンパク質は、なぜ感染性になるのだろう。どのようなメカニズムをもってそうなるのか。これについては見解がいろいろに分かれ、説明もはっきりしたものではなくなってくる。本当は誰もそれについて知らないのだ。プリオンの分野の権威であるプルシナーは、感染性タンパク質と通常のタンパク質との「接触」があれば転換は十分に起こり得ると、長いあいだ考えていた。だが彼自身、それを実証したことは一度もない。

一九九五年、プルシナーは転換のメカニズムを引き起こす第二のタンパク質が存在するという仮説を打ちたてた。それが「プロテインX」である。これについては多言を要しない。問題が複雑すぎて、最も聡明な研究者たちでさえ、まだ完全に首尾一貫した説明ができずにいるのである。

ゆっくりと、容赦なく死を迫るもの

それに反し、プリオンが人体に侵入してから小脳に蓄積されるまでにたどる経路については、比較的よく知られている。小脳は平衡機能や運動調整機能をつかさどり、プリオンがとくに影響を与える脳の一部分である。

汚染された肉によって体の中に入ってきたプリオンを追跡してみよう。バーンリー病院の微生物学者スティーブン・ディーラーは、次のように説明している。

「プリオンは、腸のある部分からリンパ組織の内部に浸透し、非常に長いあいだ、白血球の中にとどまることがわかっている。この初期潜伏期間には、血液がきわめて高い感染性をもつ。この期間には、患者はいかなる症状も示さない。患者の脳はもとのままであり、伝染性で必ず死にいたるこの病気の存在を告げるものは、ほとんど何もない」

感染プロセスではこれと同時に、あるいはこれよりもすこし遅れて、プリオンが胃へ、あるいは消化管へと「さかのぼり」、よくわかっていないメカニズムを通じて脊柱に達する。おそらく神経に沿っていくのだろう。プリオンがまず脊柱に達し、次に脳へ達するまでの経路を探りあてるのは、「情報伝達経路」を通じてである。次いで、より高次の段階である蓄積プロセスが始まる。

それにしても、フォア族で観測されたように、患者が感染して死亡するまでに三十年近く経過することが多いのは、どう説明したらよいのだろうか。

これについては、考えられる理由がいくつかある。

第一の理由は、消化器系の移動が非効率であるというものである。この「ルート」には、プリオンの移動を遅らせ、しかもその性質を弱めることのない、じつに多くの障害物がある。さらに病原性タンパク質の大きさになるには、胃と脳のあいだの距離がきわめて重要になる。

最初に現われる感染物質の量は、最も重要な要因をなす。一例をあげよう。感染した牛の脳のサンプルに、感染の単位となる量が含まれているとする（感染性の単位は感染量と呼ばれ、統計的には五〇％のケースにおいて発病する）。人間がこの脳を食べると、新変異型クロイツフェルト・ヤコブ病（狂牛病の牛によって引き起こされたもの）を四年で発病する。そして五年後には死に至る。

二番目のケースとして、同様の感染牛から取った一〇〇グラムの肉を食べた場合は、それでも五年は健康でいることができる。実際、筋肉の内部に集中したプリオンは、脳に集中したプリオンよりも劣性である。だから感染は、より長い時間をかけて進行するのである。ただし、二番目の患者の場合、病気は二十年間の潜伏期間を経て発症する可能性がある。

第二の理由として、新変異型クロイツフェルト・ヤコブ病は、患者の体内に入った感染物質の量によって潜伏期間が変わる。感染物質がわずかな量しか入りこまない場合は、プリオンは最終目的地である脳に達するまでに、ところどころ障害物のある長い道のりと「格闘」しなければならない。プリオンの分子が大量の場合には、そうした障害物を素早く飛び越えることができる。

しかしそのことから、最少の感染量では致死のプロセスを引き起こすのが不可能だとは推論できない。これについては、一九七〇年から海綿脳症を研究している微生物学者ハラシュ・ナランの説がある。

「狂牛病と同じく神経に入るポリオウィルスの例を考えよう。感染した組織が一グラムあれば、健康な組織を一〇〇トン感染させるられるということが証明されている。狂牛病の感染物質で同様の実験が行なわれた結果、一グラムで一万トンの組織を何度でも感染させることができた。このことは見方を変えれば、一グラムの感染組織で五億匹から五〇億匹のハムスターを感染させられるということだ。このいまわしい結果からわかるのは、人体をゆっくりと蝕んでいくうえで、少量のプリオンだからといって害が少ないわけではないということである」

潜伏期間の長さを説明する第三の理由づけは、種の壁である。ここでも、われわれの知っているプリオンとウィルスのあいだの相違がいちじるしい。

香港では九八年に、重大な「抗原不連続変異」（ウィルスの構造が大きく変化し、これまでの伝染対象とは異なる生物種への伝染が可能になるとともに、専用のワクチンでは識別できなくなること）が見られた。これは危うく世界的な破局を招くところだった。通常はニワトリに伝染するウィルスが、人間に飛び火したのだ。旧イギリス植民地である香港の病院では、その後一週間以内に数十人の患者が認定された。ただ、狂牛病に直面したときのフランス政府と違って、地方自治体が即刻、ニワトリの処分や非感染処置といった緊急措置を行なったのである。

この重大事件は、このウィルスの例外的な性格を表わしている。ふつう感染というものは、きまった種のあいだだけで生じるものである。狂犬病のような特殊の例外を除けば、読者がイヌやネコから病気をもらうということはない。また逆に、読者がカゼを引いても、飼っている動物に移るということはない。

なぜだろうか。理由は、ウィルスが自分の侵入する細胞の表面で、特定数の受容体（訳注9）を利用しているからである。この受容体は鍵穴のような役目を果たすもので、生物種によってひとつひとつ異なっている。だがそのため、たったひとつの大きな突然変異があれば、ある感染物質が複数の生物種に同時に感染可能となるのである。

ところがプリオンの場合は、これとはまるで違う。病原性タンパク質はある種から別の種へと、見たところ問題なく移動する。そのメカニズムはまだよくわかっていないのだが、このテーマに関しては数多くの実験が行なわれてきた。感染した羊の組織を用いてハツカネズミを感染させると、ハツカネズミは死ぬ。感染したウシの組織を用いてミンクを感染させると、ミンクはやはり海綿状脳症を発病する。要するに、大部分のウィルスについて知られている種の壁は、プリオンの場合は消えてなくなるらしいのだ。

ただし同じ実験で、病気の進行には変化が見られることがわかっている。別の種への感染（たとえば羊からハツカネズミ）には、同種における感染（たとえばウシからウシ）よりも長い時間がかかるのである。したがって、種の壁は感染にとっての難攻不落な防護壁ではなく、人体における病気の進行を遅らせる役目を果たしている。

感染から死亡までが長いため、狂牛病は他の伝染病よりもいっそう危険である。病気の全体的な進行が把握できず、そのことを事件の主役たち、つまりわが国の政府や酪農家たちが濫用しているのだ。自分たちの責任にフタをするため、あるいは自分たちの経済的利益を保護するためだけに、彼らは消費者の感染があり得るかどうかをヴェールで蔽ってしまう。

狂牛病の危機管理は、衛生上の問題というより、はじめから政治的な問題だったのだ。

結局、「新緊急措置」(訳注10)における気休めの発表によって、消費者は事件の発端のところで政府の見解に安心してしまった。

しかし本書では、肉屋で買ったかスーパーで買ったかを問わず、また「フランス国産牛肉」のラベルつきであれ、イギリス直輸入牛であれ、すべての肉は危険だということの理由をくわしく説明することにしよう。

2　食卓の危機

牛肉は一番の問題だ。牛肉の狂牛病汚染という問題を提起すると、畜産業界を揺るがしかねない大論争を引き起こすことになる。この業界は、生産高がフランス国内だけで毎年数十億フランにのぼるため、わが国のどの政治家も敵にまわしたがらない票田にあたる。

明らかに、長いあいだ隠されてきた事実がある。あらゆる種類の脳や臓物(訳注11)を告発することによって、国民の関心ははぐらかされてしまったのだ。「あれは危い。禁止すべきだ。対策が実施されるまで、禁止を延長すべきだ」——。この大がかりな人心操作によって、最大手のマーケットを保護するために小売店が犠牲にされた。脳や臓物は、肉で得られる利益の最少部分にすぎない。

つまり、対策が実際に講じられていると国民に信じ込ませることで、さらには肉に関するウソの断定をすることで、政府は小売店側に泣いてもらうことにしたのである。

ひとりひとりの消費者が、こう考えたとしても無理はない。「あんなにも多くの肉製品を禁止するとは、政府もかなり思いきった措置を取ったなあ。許可されている肉については、これで心配いらなくなった！　検査も実施されたことだし……」

ところが、検査の名に値する何がしかの試みによって、牛肉が人間の消費にとって安全であると証明されたことなど一度もない。

イギリスで一〇〇人近くの死者、フランスで三人の死者と一人の患者を生み出した狂牛病がイギリスに発生してから十五年たったが、酪農家たちのように牛肉で感染しないと断言できる科学的事実は何もない。というのも、筆者の取材したすべての専門家たちは、こう考えているからだ。「特定の」臓物よりも集中度は低いものの、筋肉には必ずプリオンが含まれると――。

牛肉が危険でないと証明するための実験が、なぜまったく行なわれなかったのだろうか。ヨーロッパ諸国の政府が狂牛病の文書をどういう方法で非公開にしてしまったかは、ほとんど知られていない。ドイツでは数年間、この実験を希望する酪農家たちが肉の検査を行なうことはきわめて難しかった。イギリスでは、検査は政府が厳重に管理する方法で行なわれている。農業の所轄官庁であるイギリス農水食糧省（ＭＡＦＦ）だけが、この病気に関して何らかの科学的研究を実施できるのである（フランスと同様、イギリスの狂牛病も牛肉のロビー団体にすっかり管理されている）。フランスでは一九九六年、『リベラシオン』に次のような内容の記事が発表された。「狂牛病に関する衛生上の問い合わせが増大している。それなのに、公衆衛生を管轄する省庁は何も語ろうとしない。農業省がもっぱらその立場にある。フランスにおける公衆衛生の研究者であるクロード・ゴー教授は、歯に衣を着せず次のように言う。『この問題に関しては、保健省による明確で適格な意見交換がなされるものと思っていた。ところがそれが何もない。各種ロビー団体にまかされているのだ。矢面に立つべき二人の大臣、つまり社会問題担当のジャック・バローと、保健政務次官であるエルベ・ガイマールも参加していない。保健総局も公的イニシアチブを取らずにいる』」

「公的イニシアチブ」――これこそ、狂牛病クライシスに終始欠落しているものなのだ。それも何ひとつ偶然の成り行きではない。狂牛病の伝染について、消費者にありのままの情報を提供することは、どの官庁にとっても、また何があっても避けるべきこととされたのである。しかしさまざまな急展開があり、新しい措置が厳重に下された。人々がいわゆる「許可された」牛肉を食べ、それから一日もしないうちに、その肉は市場から全廃されたことを翌日のテレビニュース(訳注12)が報じたのである。それを食べた人々は死を余儀なくされるはずだということが、突然わかったのだ。なぜか？

政府や農業ロビー団体は、公衆衛生を無視してでも農業を活気づけたいと望んで、避けられない決定を本質的に先送りしていたからだ。

斥けられた科学者たち

この狂牛病騒動のあいだ、科学者たちは一度もモノをいう機会がなかった。とりわけ、肉とその危険についてはそうだった。一九九三年のエピソードは特筆に値する。数百万人の命に関わることでなかったら、これは最高のお笑いネタとなっていたはずである。

調査研究者たちは、肉が汚染される危険性を確認した。研究班はたった一チームだった。実験から得られた見通しは、次の言葉に要約される。

「われわれは狂牛病の牛から肉を取り、それをハツカネズミに注入した。ハツカネズミは元気だ。だから牛肉を食べなさい——」

　誰がこんな研究をしたのだろう。何とイギリス農水食糧省だ。幸いにも、現行の実験実施要領によって、こんな宣伝まがいのオペレーションは実験と見なされなかった。科学雑誌は、いずれもこの結果を却下して公表しなかった。これらの研究について、イギリス農水食糧省は何ら正確な情報を提供していない。もしも実験で使われた肉の量が、われわれの一度の食事で摂取可能な牛肉の量をはるかに下回っていたらどうなるのだろう。

　要するにこの実験は、十歳の子供がおもちゃの化学実験セットで行なったようなもので、科学者たちの興味をまったく引かないのである。真面目に受け取る者などひとりもいなかった。

「多少とも科学知識をもった者なら誰でもわかりますが、実験結果というものは——とりわけ否定的な結論は——異なる条件下で行なった実験結果も考慮に入れて導き出す必要があります。この件にはそれがない。この発表はひとつの発表ではあるけれど、それ以上の何物でもありません」

　チューリヒ大学のプリオン専門家であり、プリオニクス検査の共同開発者であるマーカス・モーザーは、そう言い切っている。

　七〇年から海綿状脳症について研究を続け、ここ数年間イギリス政府を批判してきたハラシュ・ナランに言わせれば、「(一九九三年に行なわれたこの実験の時期に) 当然あったはずの要素が、研究には表われていない。あるいは隠蔽されてしまった」のである。

口封じ始まる

一九九六年から、まぎれもない口封じが始まった。ジャック・シラク大統領は、トリノで行なわれた首脳会談で、「言論人（報道関係者）の無責任」と「部数を伸ばすための」行為を告発した。メディア側に多少の暴走があっても、部数を伸ばすことの方が狂牛病の牛よりも明らかに大事にされていると――。

攻撃は最大の防御である（首相も政府も科学報告書をぞんざいに扱っていたため、大統領が自己防御に出るのも当然）とでも言うように、シラクは執拗に攻撃する。同じ会談の席上、彼はジャーナリズムを「つねに憶測でモノを言う」とこき下ろした。

実際のところ、問題を過小評価するのは理由のないことではなかった。イギリスの肉がフランスで輸入禁止になって三カ月後、シラクが英国女王の豪華四輪馬車でロンドンツアーをしたせいでもあるまいが、この問題についてフランスとイギリスはすっかり同盟関係だ。シラクはイギリス産品について、ゼラチン、獣脂、精液の禁輸といった部分的な衛生措置にとどめる決定を擁護し始める。

一九九六年五月十三日の『ル・モンド』によれば、当時のフランス農業大臣（フィリップ・ヴァスール）のもと、イギリスの文書が欧州閣僚級会議で討議される際に同意を示すよう、フランス政府は直接の働きかけを受けたという。

『マリアンヌ』は報じている。

「一九九〇年、フランスにおける肉骨粉輸入禁止措置の数カ月後、欧州常任獣医委員会が開かれた。討議の主旨は、出席したある役人が委員会責任者たちに対して行なった短い発言に要約される。『黙して従え』である」

一九九六年、『リベラシオン』はその全容を次のように発表した。

一　会議の開催――BSEに関する委員会代表の発表。「市場の好ましくない反応を引き起こさないよう、静観の必要あり。BSEについてはもう論じないこと。この点については、当面公表してはならない」

二　会議中――「イギリス政府に対し、研究者たちの成果をこれ以上発表しないよう求める予定」

三　アイルランド共和国代表の発表――「腱を除去した骨に関する委員会の決定を変更せよ。さもなければアイルランドはこれを拒否する。北アフリカその他の途上国は、アイルランド産とイギリス産についても、骨から腱を取り除くよう要請している。アイルランドから輸出された品の四〇％は、北アフリカが輸入している」

四　結論――「商業上の理由により、アイルランドはこの変更を求める加盟国に同意する。

大枠として、ＢＳＥに関するこの件は情報非公開の実施により最小の扱いとする。報道機関は誇張してモノをいう傾向があるからである」

九六年五月九日、ある専門家委員会からフランス政府に提出された意見は、狂牛病の感染物質が「人間にも伝染の可能性あり」と考えられることを警告している。この結論は、公表されないことに決まった。

九〇年代の半ばまでは、しかるべき目標のないまま、議論が噛み合わない印象があった。ＢＳＥ拡大の可能性があるとしながらも、断片的でところどころ矛盾しているためにかろうじて抑えられている危機感をまえにして、ある種の薄気味悪い無秩序があった。

牛海綿状脳症の恐ろしい勢いについてわれわれよりも詳しいイギリス人は、政府を通じた近隣諸国との通信を行なっていない。フランス人はといえば、新しい事柄が生じるのを待ったり、不器用に反撃したり、かと思うと誤りを次々と訂正したりしながら、手探りで前へ進んでいる。イギリス国産牛の輸入を禁止したかと思えばとどまったり、また新たに態度を硬化させたりしているのだ。いま述べたのは、そうしたあまたのエピソードのひとつにすぎない。

しかし一九九六年、牛に与えられた肉骨粉の包囲網が強化されたあと、先行きの見通しが暗くなってきた。今度はＮＡＩＦ(訳注13)が、海綿状脳症で倒れ始める。政府機関は、あらゆる人心操作を再開すべきだと考えた。一九九六年以降、酪農家の圧力のもと、政府はただひとつの首尾一貫したメッセージを流すようになる。それは次のように要約される。

「大丈夫。すぐに反証がなされるから……」

秘匿された情報

それ以後、狂牛病に関する政府情報は流されていない。フランス国民の感染を防ぐための調査研究も行なわれていない。

一九九六年の『リベラシオン』の記事は先を言い当てていた。現在、血液の感染性や、体内におけるプリオンの移動経路について、より正確なデータ（牛肉の危険度を以前よりも確証する科学的データ）がいくらでもあるというのに、時間稼ぎのうえに責任逃れの発表が確かに続けられている。

ロイター通信は二〇〇〇年十一月八日、公衆衛生の問題に言及する権限のないジャン・グラバニ農業相の牛肉問題に関する発表を報じた。

「私は牛肉を食べ、子供たちも食べている。狂牛病を専門に研究するすべての科学者も、その子供たちも牛肉を食べている！」

プリオンの専門家である微生物学者のトム・プリングルは、狂牛病に関するウェッブサイトでこれに噛みついている。

「これは今日まで行なわれてきた発表のうち、最も愚劣な発表である。グラバニはもはや、狂牛病のさなかにテレビカメラのまえで娘にハンバーガーを食わせた隣国イギリスのジョン・ガマー農水食糧大臣をサル真似するしかないのだ」

わが国の上等な牛肉のためを思ったグラバニによるこうした情緒的な行動は、はたして無知と解せばよいのか。それとも単に、選挙で農業大臣の当否を分ける農業セクターを保護する手立てなのか。数日後、グラバニは釈明した。「よく考えようではないか。酪農家を救いたいなら、牛肉を食べなさい！」もっともだ。そして農業省が気休めを言う本当の動機はここにある。つまり、酪農家を救うこと。すでに存在し、いまも拡大しており、なおかつ政治責任者の誰ひとり無知であることは許されない伝染病を蔓延させておきながら、数十万人の消費者のリスクには見向きもしない。

しかし、現在フランス人を犠牲にしているあらゆる不正と無責任について、自分の家族に牛肉を食わせているジャン・グラバニをそしるのはまっとうでない。ロビー団体からわれわれの利益を守るべき消費問題省にいたっては、言葉も出ないからである。同省は二〇〇〇年十一月九日、フランソワ・パトリア大臣の声明を通じて、「牛肉が今日ほど安全だったことは、いまだかつてない」としたのである。

フランス牛肉の輸入を禁止した国のリストにチェコ共和国が加わったのは、その十五日後のことである。

もっと極端な発表もある。予想を上まわり、きっぱりとした断言調で、フランスのいくつかの省庁は公然と嘘を吐いた。二〇〇〇年十一月、LCI(訳注14)でドミニク・ジロー保健相は、「牛肉が人間の健康に危害を及ぼすとする基準は何もない」と言明した。これこそ大まちがいだ。しかし適正な実験がなされていないので、誤りを証明することができない。

だがひとつだけ、偽らざる実験がある。権威ある科学雑誌『ネイチャー』に発表されたもので、消費者のトレーサビリティ(訳注15)について示唆を与えている。

一九九五年、プリオンの権威であるジョン・コリンジ教授は、人間の遺伝子を表現するために「変形された」遺伝子組み換えハツカネズミを用いて研究を行なった。この実験動物のおかげで、狂牛病に対する人間の反応を観察することができた。

コリンジ教授は、牛海綿状脳症の組織をこのハツカネズミに感染させた。目的は、プリオンがどの程度たやすく種から種へ移って行くかを確かめることだった。数カ月後にイギリス農水食糧省は、この実験を利用できると思いつく。同省はすべてのメディアで、この研究は狂牛病が人体に何の危険もないことを示すものだと発表した。ハツカネズミが元気だったからだ。これで農業ロビー団体の大勝利となった。しかし短期間だった。その数カ月後、すべてのハツカネズミが死んだのだ。

この例で明らかになったのは、農業ロビー団体とその主務官庁が、見直すべき問題は何ひとつないという肯定的な結論を、あまりにも性急に公表したことである。それればかりか、感染が判明するまでしばらくはハツカネズミが死なないとわかっただけで、彼らは快哉を叫んだのである。そういうおまけつきだった。

つまり牛肉は何の危険もないということが、消費者の健康を無視した形であわてて宣言されたのだった。

これはＡＩＤＳの初期に見られた状況に置きかえることができる。血液の感染性について、ある実験が行なわれたとしよう。モルモットにＡＩＤＳウィルスが注射され、十五日が過ぎてから、血液感染は存在しないと発表される。しかし、このときからモルモットが死亡するまでに、何人の人間がＡＩＤＳに血液感染してしまうだろうか。(訳注16) これと同様のことが一九九五年、イギリス政府の信じ難い発表によって起こったわけである。そして現在、フランス政府でも同じことが行なわれている。

きわめて厳格なイギリスで似たような前例があることから、狂牛病に対する無知が正当化されてしまったことになる。

しかしフランスはどうなのか。リオネル・ジョスパン首相が二〇〇〇年十一月二十日に「フランスでわれわれの食べている牛肉は健康に良いだけではない。味も申し分ない！」（ＡＰ通信）と発表したとき、リチャード・レイシーのような科学の専門家によるレポートは無視されていたのだろうか。リーズ大学の著名な教授であるレイシー（現在は引退）は、一九九四年以来、次のようにはっきり言っている。

「(狂牛病の)牛が屠畜されると、頭部(神経組織つき)が実験用に取り除かれる。公式には、そこだけがこの動物の感染部位とされている。しかし、胴体も同様に神経組織をもっているのだから、これは見当はずれである」

牛肉には、大きくわけて三つの危険がある。感染部位そのもの、神経、血液である。そして四番目は、それら三つと同じく重要な要素で、骨の処理とさまざまな食肉解体処理に由来する。これについては次章で扱うことにしよう。

汚染牛肉

研究者たちは、ハムスターに始まり、ミンクやハツカネズミを経て羊に至るまで、さまざまな動物の筋肉の内部に感染物質を見い出してきた。これらは牛の場合と何ら変わらない。しかし一九九六年、狂牛病の拡大とその影響について研究するために政府が設置した科学委員会の主要メンバーのひとりが、大胆にも次のような発言をした。「牛肉の中からプリオンが検出されたことは一度もない(これは本当だ)。肉は関係ないのだ(これは間違っている。適正な実験が行なわれていないだけだ)。一定の臓物だけがプリオンに関わっているのだ」。

筋肉へのプリオンの蓄積が少ないということなら言える。しかし蓄積を避けることはできない。これを理解するには、きわめて単純な統計的事実についてすこし考える必要がある。

狂牛病の牛の脳内におけるプリオンの蓄積が、〇・五の感染リスクにつながるとしよう（これは例えばの水準である。実際は、リスクはこれよりかなり高い）。

このことは、一〇人の消費者にこの肉が売られた場合、そのうちの半数が死ぬことを意味する（一〇×〇・五＝五）。

「理想的」といわれる肉（血液や神経ではない部分）のサンプルでは、感染リスクはおそらくこの千分の一である（正確な数字は誰にもわからない。この水準もひとつの例えで、科学的裏づけはない）。〇・五の千分の一、つまり〇・〇〇〇五人ということになる。

もしわれわれが一〇人の人間に実験を行なったとしたらどうなるだろうか。一〇×〇・〇〇〇〇五＝〇・〇〇五人を汚染することになる。この確率では、ひとりの人間が病気になるリスクはきわめて低い。

しかし、フランスにいる牛肉の消費者が、たった一〇人ということはない。国民のうち四〇〇〇万人が、一生にすくなくとも一度は牛肉を消費し、感染牛肉に接していると仮定してみよう（この数字は非常に楽観的なものだ。イギリスではすべての国民が、汚染された食事に五〇回もつきあっている！）。今度はリスクが四〇〇〇万人×〇・〇〇〇五＝二万人となり、これだけの人が「理想的」な肉を食べて死ぬことになる。

われわれは、これに対する備えができているだろうか。

この演算は、あくまで理論上のものだ。消費者のリスクの一部しか反映していない。実際には、あらかじめ神経や血液が抜かれたリブロースをわれわれが食べるということはまずない。だから、実際のビーフステーキを構成するすべての要素も考慮すれば、いま述べた潜在的な牛肉の犠牲者数万人に、未知の係数を乗じて現実に近づける必要がある。

血液中のリスク

血液は、プリオンにとって格好の媒介物である。世間で売られている肉は、大量の血液を含んでいるが、部位によっても異なり、また正確な観測はじつに難しい。しかしハラシュ・ナラン博士にいわせれば、「もし感染が血液中のことであれば、プリオンは明らかに肉の中に存在する」のである。

神経の感染性

プリオンの専門家でプリオニクス検査の考案者でもあるマーカス・モーザーは言う。

「プリオンは中枢神経系、脊柱近くのグリア細胞に非常に多く集中しています。もちろん、プリオンが神経を伝って運ばれることもわかっている。クロイツフェルト・ヤコブ病（人間に感染する）、およびスクレイピー（羊に感染する）については、末梢神経にプリオンが宿っていることが証明済みです。といっても、こうした詳細な実験は、肉牛が患う狂牛病については行なわれていません」

このインタビューは、二〇〇〇年十一月に行なったものだ。すでに述べたように、牛肉に存在する危険を正確に観測するための実験は何も行なわれていない。ところが、われわれが食用にしていない多くの生物種の組織については、研究がふんだんに行なわれているのである。

ハムスターやハツカネズミが示すリスクについては、つとに知られている。しかし筆者の見るところ、それらのリスクは牛肉のリスクに比べて明らかに緊急度が低い。肉骨粉が大量に使用されていた八〇年代の過失に対する償いを嫌って、利己主義な業者たちが利益を守るためにもみ消したという以外に、この沈黙をどう説明できるだろうか。

他の生物種との関連で牛肉の感染性について研究するとき、新たに加わる難題は何もない。それなのに何の議論もなく、肉は健全だということが肯定され続けているのである。消費者たちは毎日ステーキ用牛肉を買っているが、これは静脈に使用済みの注射針を突き立てる習慣にも等しいリスクだ。まさにロシアンルーレットである。

ハラシュ・ナランに言わせれば、ことはもうはっきりしている。

「肉を食べるかどうかといったことで、私は他人に何のアドバイスもしません。子供たちに何を食べさせるべきかということについても——。賢明な人なら、自分が直面しているリスクぐらいはわかるはずです。しかもそれは単純明快。ある動物が病気にかかっているとすれば、その動物から生じたものはすべて感染している。そして私たちは経験上、たったひとつの感染量、たった一度の食事だけで十分に罹病するということを知っています」

実際、ハラシュ・ナランはこの病気について誰よりもよく知っている。彼はクロイツフェルト・ヤコブ病にかかった一〇〇人以上の人間の脳を詳細に調べてきた。五十八歳のこの人物は、プリオンについて一九七〇年から研究しているのである。

農水食糧省とイギリス政府全体による情報操作に対して物申すことに、ナランは生涯の仕事を捧げている。

リーズ大学教授のリチャード・レイシーは言う。

「イギリス政府は真実を隠し、狂牛病の危機についての調査結果を歪曲しました。科学者たちは手なずけられてしまった。沈黙してしまったんです。一九八八年、動物と人間におけるBSEのリスクを調査するため、サウスウッド委員会(訳注17)が設置されました。この委員会には、海綿状脳症の専門家がひとりもいなかった。また、専門家への諮問もまったく行なわれていません。彼らが遵守すべき規律に照らしても不可能なことはまったくないのに、サウスウッド委員会のメンバーの誰ひとり、海綿状脳症の性質をもった病気について、すこしも研究を行なわなかったのです」

スティーブン・ディーラー(訳注18)は、この論点をほとんど一語一語について立証している。

結論を言おう。それからほぼ十五年たったが、何ら進展はない。イギリスの狂牛病事件は、徐々にフランスへと舞台を移している。あい変わらず嘘と、ねじまげられた真実と、攪乱と、学識を装ったデマによる深い霧が拡がっているのだ。

狂牛病の牛の肉は、たとえ血液と神経が切除されても（それによって食欲を殺ぐことになるとはいえ）、なお感染性をとどめる。危険の及ぶ率が「少なくなった」とされる消費者にも、それだけで十分に死の危険はある。

いずれにせよ肉は、肉と不可分な構成要素、つまり神経および血液と一体でなければ、商品化することができない。神経と血液は、プリオンが脳に侵入するまえの第一段階として、まず脊柱に侵入するための「ハイウエー」を提供する。血液に関しては、羊スクレイピーと人間の新変異型クロイツフェルト・ヤコブ病のケースで血液感染することがわかっている。信じられないことだが、とくに微妙なケースである牛については、同様の実験が一度も行なわれていない。もっとも、血液感染を確証するには、他の生物種においてもこのうえない慎重さが問われるわけだが——。

さて、以上のことから、牛肉消費によるリスクをどうして無視できようか。どこの国の産物であれ、そもそも牛肉は確かな汚染物質を大量に蓄積させている。にもかかわらず、「フランス国産牛肉」のラベルを衛生面の保証として提供するようなことが、一体なぜできるのだろうか。

フランス農業省に盾つくようだが、敢えて理由を述べる。筆者の取材した科学者たち、つまり牛肉のリスクについて考えてきた科学者たちは、とうの昔から牛肉を口にしていないのである。研究者たちのあいだでは、この問題はすでに焦点が移ってきてさえいる。牛肉は危険であるが、他の動物も危険らしいと――。プリオンの研究でノーベル賞を受賞し、この分野の先駆者である学者のスタンリー・プルシナーなどは、羊の肉を食べるのをやめたと宣言した。狂牛病に関するプルシナーの知見を考慮に入れて言えば、ジャン・グラバニはこの米国人学者の存在を無視しているとしか思えない。

政府が認めているかどうかはともかく、フランスはＢＳＥ蔓延の真っ只中にある（ＢＳＥは、より潜伏期間が長い新変異型クロイツフェルト・ヤコブ病にとって先行ランナーのようなものだ）。数カ月前から、狂牛病が国内で勢いを盛り返している事実に異を唱える人がいるだろうか。食物連鎖でつながっている汚染動物（それが多岐にわたることについては後述する）は、その出自がどこであろうと、感染方法が何であろうと、ラベルが何と書き替えられようと、死にいたる肉を生み出すのである。

3 屠場のリスク

食肉処理は、脊柱や脳といった最も危険な部位から、組織全体への感染の拡がりを助長する。まさに地獄への階段だが、これは昔ながらの肉切り台まで運ばれた健康で栄養たっぷりの牛が、最終的には狂牛病の牛と同じ危険をもつかもしれないことの理由ともなる。

屠場――。家畜の終着地点であり、健康な牛と病気の牛が隣り合う場所。汚染された場所でもある。牛にとっても、そこで働く人々にとっても。なぜなら、屠畜と解体処理の大きなサイクルにおいては、周囲の環境が最も汚染され、また食物連鎖のなかで最も感染が起こりやすいからである。しかしここで述べるのは、リステリア症(訳注19)や、傷んだ肉についてではない。これまで人類が直面した中でも最悪の感染物質についてである。それは避けようもなく死をもたらし、牛から牛へと(あるいは牛から人へと)驚くほど造作なく拡がっていく。

牛肉を脅かすいちばんのリスクは、牛の屠畜方法から来るものである。

かつて屠畜の方法は、牛を電気ショックで倒し、その場で切り分けるというものだった。不運にも電極が脳の適切部位にあてがわれず、牛が十分な損傷を受けなかっ場合、この作業は何の効果もあげず、まだ意識のある牛を虐殺してしまうことになる。動物愛護団体の圧力をまえに、この残酷な方法はほとんど廃止された。しかも激痛を受けた牛が急激に跳び上がるため、何より人間にとって危険だった。ただし、それも狂牛病が見つかるまえの話だ。

「空気式スタニング処置」と呼ばれるいまの技術は、電気のスイッチを切るように、牛を瞬時にして往生させる。痛みはすこしも与えない。この技術は、空気圧の仕組みを使って一種の柔らかい砲弾を打ちこみ、反芻動物の脳を貫通させるというものである。脳は文字どおり爆発し、牛はどさりと横転する。

しかし、狂牛病の牛（一年か二年の潜伏期にあり、その結果、獣医や検査によって病気が検出されていないもの）にこの種の処理が行なわれるとしたら、何が起こるだろうか。

高圧で作動した砲弾が頭蓋骨を通過して脳を破壊するとき、砲弾は脳と血管を仕切っている「弁」をも同様に破壊する。そのため、驚くほど大量の脳の破片が血中に入り込む。

狂牛病の牛の場合、すでに述べたように、平衡をつかさどり運動をコントロールする小脳にプリオンが蓄積されている。この小脳が、ショックによって破砕するとどうなるか。牛の血液と混ざり合ってしまう。小脳に含まれるプリオンは、その動きにともない、想像もできないような濃度で静脈に浸透していく。

しかし、と読者は反論するだろう。牛が死んでしまうのだから問題はない。血液循環が停止してしまうのだから、と――。

ところが、痛みをともなわないこの技術の不都合は、あらゆることがスピーディに行なわれすぎるということだ（それがまさに目的なのだが）。つまり、瞬時にすべてが停止してしまうことを体組織の方が認識できないのである。言ってみれば、最大巡航速度で走っている大型客船に停止命令が下されるようなものだ。船の機械を制止することはできても、巨大な船体を自転車のようにぴたりと止めることはできない。

ここで問題ははっきりしてくる。脳はめちゃめちゃになるが、脳以外の組織は一定時間だけ働き続ける。この屠畜法を用いると、牛の心臓は十秒〜三十秒のあいだ鼓動を続けることがわかっている。血液は、すでに述べた脳の特定部位に閉じ込められた病原性タンパク質、すなわちプリオンを大量に押し流す。

大型の牛や平均年齢の牛の場合、血液が心臓から送られて心臓に戻るまでの完全な循環をするまでに、約三十秒かかる。その循環が必ずしも完全でない場合も、脳の爆発後に狂牛病の牛の静脈を循環するプリオンは、数多くの組織へと拡がっていく。もちろん筋肉、つまりは牛肉にもだ。

狂牛病の蔓延をもっぱら後押ししたこの技術は、ほんの数カ月前に禁止措置[訳注20]が下されたばかりだ。だがそれ以前は？　危険が明るみに出たのは、いまに始まったことではない。すべての科学者たちが口をそろえて認める確証済みのことである。

それがなぜこれほど長いあいだ、何の措置も施されなかったのか。感染物質が屠畜のプロセスで牛の内部に拡がるとわかっていながら、なぜ牛肉がまったく安全だということが肯定されてきたのか。これもまた、理由は単純である。

フランス政府は、牛の屠畜に関する新しい基準をあまりに早く策定しすぎると、その新しい措置のために、以前からあった危険を明らかにしなければならない。そこでは危険が白日のもとにさらされ、数年前から機能してきた不文律が存在意義を失ってしまうのである。

血管と脳のあいだの仕切りが破砕されるため、「特定の」解体肉の内部には致死性のプリオンが含まれる可能性がある。その明瞭な結果として、これまでにも牛肉が危険であったことを認めないわけに行かなくなる。しかし酪農家の圧力をまえに、肉の危険性を認めるなどということは思いもよらなかったのだ。

健康な肉にも汚染が――

空気式スタニング処置の技術は、屠畜にまつわるさまざまな不安のうち、最も顕著な汚染要因にすぎない。感染は狂牛病の牛から、その牛と同じ室内、同じ屋内で処理された健康な肉へと拡がっていく。

いま狂牛病の牛の死について述べたが、耐えがたい匂いのする部屋、たいがいはプールのように四角い血の海で、この牛はどうなるのだろうか。

肉は運搬され、洗浄され、（通常は半頭ずつに）分けて販売される。

食肉処理はまさに修羅場である。この室内でもし狂牛病の牛が切り分けられたなら、プリオンはあらゆるものをゆっくりと冒すことになるだろう。

牛の解体は、ニワトリやウサギのそれとは違っている。チェーンソーで半頭ずつ切られるのである。きこりが一定の高さの幹に、正確な角度で斧を打ち込むように、屠場労働者も職人技をもっている。屠畜がどんなに難しいかを理解するには、自分でやってみるしかあるまい。何しろチェーンソーはかなり重い。また、チェーンソーには水冷装置を使うので、生臭い（しかもきわめて危険な）血液を噴霧のように室内へ撒き散らしてしまう。けたたましい騒音があがり、視界も狭められているなかで、肉に損傷を与えないよう牛をさばく手順をイメージしてみてほしい。これは驚くほどの体力と、緻密さを要する難しい仕事だ。

さて問題は、いま私たちが思い浮かべた想像上の手順である。チェーンソーの金属製の歯は、歯の通過する部分を切り裂いていくが、木綿の布にくるんだ肉を変形させないように切るには、脊柱に沿って切り進んでいくしかない。

ところで狂牛病の牛の場合、脊柱がまさにプリオンの温床であることには異論の余地がない。チェーンソーは脊髄、脳脊髄液、その他の成分を破砕し、感染性の高い一種の煮くずれ状態に変形させる。むろんのこと、肉からは血しぶきがあふれ、脊柱から直接運ばれてきた血液の見えない皮膜が肉を被う。

ある研究で、牛の解体のとき煮くずれ状態に破砕され、血しぶきに混ざる脊柱の正確な計量が試みられたことがある。

このときは、まずチェーンソーで切断されていない牛の全身から脊柱が取り出されて計測され、次に解体処理されたばかりの同一寸法の牛の脊柱と比較された。解体処理した方では、四〇％の脊柱が失われていた。

これらの微細な小片が、屠場の室内には何日間も浮遊している。それらは、この場所に次々と到着するあらゆる牛肉に入り、肉骨粉を与えられたことのない牛にも感染する。

これをどうすればよいのだろうか。目下、脊柱の両側を同時に切断する二重ノコギリを使った新しい技術が開発されたところだ。だが残念ながら、実際に使用するのは不可能である。脊柱の隣接部位はフィレ肉で、おそらく牛の体で最も利益の上がる部分なのだから。ここをなしで済ませてしまうと、精肉業者はかなりの儲けを損なうことになる。そこでまた、コレーズ県(訳注21)の酪農家たちにすり寄るわが国の国務大臣や大統領が繰り返す、あのお題目がここでもお出ましとなるのだ。「わが国の牛肉はまったく危険がない――」。

(訳注22)

犠牲になった屠場労働者たち

感染物質が噴き出すことに話を戻そう。これらが降りかかるのは解体中の牛だけだろうか。引退した狂牛病学者、マーティン・H・ジョーンズの言葉を引用する。

「（切断によって）屠場で生じた飛沫の一部は、非常に小さいのでそのまま空気中を浮遊し続ける。しかし（切断による）飛沫の大部分は、出発地点から一～三メートル離れたところにふたたび落ちる。したがって、この半径内の平面全体には、砕けた脊柱の層ができていると考えられる。さらに、屠場で働く人をよく見ると、手と腕で顔や目を拭っているのがわかる。

最も大きな分子は鼻腔に入ったあとで嚥下されるが、中間の大きさの分子は気管支にとどまる（中略）。

したがって、屠場の作業員は、感染性かまたはそうではない（どちらになるかは処理された牛によるエアゾル[訳注23]にさらされることになり、いっそう多量のエアゾルが鼻腔から体に入って胃にたどり着くことになる。そのほか、角質や涙腺から侵入するエアゾルもある。

もしもこのエアゾルによる伝染が実際にあるなら、それはたとえば角膜から中枢神経系へと直接に侵入していくことにより、食物感染ルートよりもはるかに効果的な感染経路となり得る。しかし、ここで断定的な結論を引き出すのは早い」

屠場の作業員が絶え間なくさらされる危険に比べ、プリオン研究の最も大きな機関のひとつであるカリフォルニア大学が実施している措置は、これと対照的に細心である。この研究所のバイオセキュリティ担当官であるグレン・ファンクによると、感染している可能性のある物質に皮膚がすこしでも接触したら、プリオンを無力化することのできる酸化ナトリウムで数秒間消毒しなければならない。

ＢＳＥに感染した牛を切断し、解体処理した破片によって汚染されたエアゾルを（まったく防護もせずに）一日じゅう呼吸している人々はどうなるのだろうか。チェーンソーで四〇％が破砕される脊柱を吸飲している人々は――。

ここでも沈黙が守られている。政府に対し、情報操作の運動を台なしにすると働きかけて、問題を隠蔽させるのである。積み上げた棒が、ちょっとした動きで崩れてしまうかもしれないゲーム「ミカド」(訳注24)のようなものだ。

政府機関は偽りの措置を取り続けたため、いまではそれを放棄することができなくなっている。汚染された血液(訳注25)よりもはるかにドラマチックなスキャンダルを暴露するぞという圧力のまえにである。汚染された血液の事件と違って、それは注意の不行届きでは済まされない。それこそ明々白々たる嘘の数々であり、金銭的利益の保護であり、欺瞞である。

もちろん病気の進行は遅い。そしてそれが政府に圧力をかけている人々の最後の砦だ。とはいえ、屠畜の最中に感染したことが明らかな場合、病気の蔓延は進行よりもかなり速いだろう。イギリスは、この点でフランスの先を行く。狂牛病については約十年前から明らかになっていたし、感染源がイギリスであることはほぼ間違いない。そのイギリスから、八〇年代における貿易のグローバル化と無統制な自由化の助けを借りて、狂牛病はヨーロッパ中に拡がった。そのあいだ、肉骨粉などあらゆるものがさかんに取引され、欧州連合のいたるところにその買い手があったのである。

このイギリスからの感染経過は、多くの疫学的な目安をわれわれに与えてくれる。そのひとつは、屠畜に見られる高い汚染危険度と大いに関わっている。

一九九七年、きわめて厳格な『ブリティッシュ・メディカル・ジャーナル』は、クロイツフェルト・ヤコブ病の疫学的データ（死者の数、死者の職業、食習慣など）の分析に関する記事を掲載した。以下はその抜粋である。

「第二の感染ルートは、狂牛病に感染した家畜との接触から発生し得る。感染危険度の高い職種は、牧場で働く農業従事者、屠場の元作業員および現役作業員である。

第三の感染ルートは、死んだ牛の脳や脊柱との接触から発生し得る。感染危険度の高い職種は、解体処理を行なった屠場の元作業員および現役作業員、それに精肉業者である」

ここで述べられている二つのルートは、屠場の作業員にとって重大かつ特別な危険を示していることがわかる。ただし、そのことが彼らに知らされることはもちろんない。

屠場は、狂牛病の牛から健康な牛へと汚染を拡げる可能性がある。だがどうやって？　破砕された脊柱のエアゾルや小さな飛沫は、周辺を絶え間なく移動し、浮遊し続ける。もとになった牛だけでなく、他の牛をも同様に汚染し、その肉が付近に貯蔵され、切り売りされて行くのだ。

プリオンは信じられないほど抵抗力がある。ＡＩＤＳウィルスは、日光にあたると数秒で無力化する。理由は、「保護されている」ＡＩＤＳウィルスのきわめて脆弱な部分があるからだ。汚染細胞から取り出されると、ＡＩＤＳウィルスは一片の薄い皮膜に被われる。この皮膜は環境中の紫外線に耐えることができないのである。

プリオンの場合、そういうことはない。死を望まない（定義上は生物ではないわけだから、死ぬはずもない）この病原性タンパク質は、屠場に充満する微細な飛沫に乗って分子の旅を続ける。そして屠畜された牛の肉や、作業員の喉の奥や、あるいはおそらく空気の流れにしたがって、牛肉の貯蔵場にたどり着いたところで旅は終わる。

この汚染ルートによって、新しい脅威の幅は拡がり、現在の情報がいかに何も伝えていないかがはっきりする。愛想のいい店員がいて、昔ながらのショーケースがある片田舎の肉屋で牛肉を買うだけでも、感染の危険は免れ得ない。後述する新たな感染要素は、肉骨粉という手段に訴えない生産にも危険が存在することを示している。

その危険がどこから来るものであれ、この巨大な食物連鎖のカギとなる場所――屠場――は、絶え間なく汚染され続ける。エアゾルの形態で見られる感染物質が、解体室にどのくらい長くとどまっていられるかを見る調査は、まだまったく行なわれていない。ひとつには結果への恐れがあるからだが、もうひとつの理由は、実験の実施要領がほとんど不可能なせいである。筆者にできるのも、並外れて抵抗力があり、人体組織と違って老いることもないこの物質について、知っている事実を指摘することだけである。つまり、プリオンは何年ものあいだ感染性をとどめるということだ！　この点については、土壌汚染という決定的な問題を提起する章でもう一度ふれることになろう。

したがって、消費者を街角の肉屋へと向かわせるためのキャンペーンは、羊頭狗肉の無責任な企てでしかない。品物が変わったということや、すでに以前の肉とは違うということを客に信じこませるため、包装を替えたりするキャンペーンのことである。三色テープ（訳注26）を貼ったり、肉屋の店先で親しみやすい笑顔がふりまかれることで、いまわしいプリオンが駆逐されたことになるだろうか。

肉そのものは変わっていないのだ。どんなに品質が良くても、また生産地（一般には肉骨粉の大量使用が問題になっている）や出荷先（つまり精肉店）がどこであろうと、肉は感染リスクが最大となる中継地点、すなわち屠場をどうしても通過することになる。たった一頭の感染牛が、あとから来る牛たちに絶えざる危険をもたらす中継地点をだ。

屠場はまさに感染物質の交差点であり、生まれたときから管理下に置かれていた完全な健康状態の牛も、そこに到着した時点ですでにBSE感染牛と同様に危険となる。この屠場の問題は、牛たちが入り混じることにあるのだ。工場の規模をもつ施設には、さまざまな生産地から毎年数百頭もの牛が次々と運ばれて来る。ただ一頭の感染牛が、これらの施設で解体処理されただけで、他の数百頭の牛にも汚染の危険は十分に生じる。

政府は、以前からそのことを知っていた。

またしてもだ。街角の肉屋で、スーパーよりも高い値段がつけられている「最上肉」の場合は言うに及ばない。肉骨粉を一度も使ったことのない、まったく衛生的な加工プロセスで、連鎖的な汚染がもはや起こるはずのない一種の「個別食肉処理場」が運営されているところなど、誰が想像できるだろうか。

明らかにそんなものは夢物語だ。しかしそこまで安心と思われる仮説においてさえ、われわれはすぐに現実へと引き戻される。「適正肉」（肉骨粉飼料が使われていない牛肉）などというものは、屠場ではまったく見つかり得ないからだ。

なぜそういうことになるのだろう。そもそも人間の強欲から、肉骨粉の中に蓄積されることとなったプリオンにとって、自らが接触するはずのない「衛生的な」加工プロセスを汚染することなどどうしてできるのだろうか。

4 飼料混合による汚染

接触はよく起こっていたのだ。だがそれは屠場の汚染メカニズムよりも目につきにくい、飼料混合の仕組みによってだった。

肉骨粉を含む飼料の生産者たちが、つねに牧畜業界を分裂させる問題児だったわけではない。多くのメーカーは、動物性タンパク質を基礎とする飼料の全種類のうち、伝統的な飼料を提供していたのだが、一方でその例外もあった。

マーカス・モーザー博士は断言している。

「牛のために購入されるすべての種類の餌に、汚染の可能性はあります。なぜかというと、もしそれを製造している工場が肉骨粉も同時に作っていたら、包装工程も当然汚染されるからです」

二つの系統の飼料生産が互いに入り組み合うということは、これまでつねにあった。そしてそのことは、大豆かすや小麦やまぐさを食べて育った動物まで狂牛病になることの十分な裏づけになる。ある法律で、肉骨粉を含む疑いのある飼料の製造所を隔離するよう義務づけられたことがあったが、これは肉骨粉が他の飼料に混入してしまうことを考慮したものではなかった。

さまざまな種類の飼料が（衛生的なものも、汚染されたものも）、フランスでは同じトラックで運ばれる。二種類の商品を詰め替えるあいだに、トラックの掃除が行なわれないことも多い。運送業者を弁護するために敢えて補足しておくと、これは古くからの消毒剤を撒布しても何にもならないからである。というのも、プリオンはこれまで地球上で発見された病原物質のうち、最も抵抗力があるからだ。

この恐ろしいタンパク質は、ごく微量で十分に感染を引き起こすこともわかっている。

こうした状況は、肉骨粉が全面禁止される二〇〇〇年十一月十四日まで優勢だった。それ以前、肉骨粉はまだ養鶏業者や養豚業者のところへ運ばれていたが、その前後に他の客、つまり肉牛と乳牛の牧畜業者に向けて「衛生的な」飼料が運送されていたのである。

ますます不安を募らせる世論の圧力を受けて、肉骨粉の全面禁止が決定されるまでには、なお十年の時を経る必要があった。この危機への対処にあたって何の教訓も与えなかったイギリスでさえ、この取り決めを一九九六年から適用するよう決定(訳注27)していたのである。以下は、当時のイギリス政府が発表した文書の抜粋である。

「一九九六年三月二十九日以降、いかなる牧畜動物や養殖魚の飼料向けに哺乳動物の粉末を買うことも、与えることも（または飼料に混ぜることも）禁止とする。同一の工場で牧畜動物用に数種の飼料を生産する場合、肉食飼料と肉骨粉をともに生産することも同様に禁止とする」

無害の飼料と肉骨粉が入り混じる

しかしフランス政府には、この全面禁止の期日を先送りにする理由があった。肉骨粉がないと誰もが困るのだ！　もちろん消費者を除いての話だが――。

精肉業界では、毎年大量の廃棄物が生み出されていることを忘れてはならない。それをどう処理すればいいのか。適正な保存や焼却の手続きを実施するには、コストがいくらかかるのか。誰がそれを負担するのか。おそらく一部は、この市場を左右する大規模の酪農家たちである。ここでも収益がモノを言う――。

つねに危険が認識されている肉骨粉を「一時的に」禁止するという決定は、実際には障害を引き起こす。世論が沸騰し、狂牛病に関しては肉骨粉がまさに攻撃の的になる。ところが同時に、肉骨粉をなしで済ますための費用を負担できる人々もいない。そこで両者の中間を取ることになる。肉骨粉を六カ月間禁止(訳注28)とするのだ。だがその後は？　誰もこれについては答えられない。

スティーブン・ディーラーのような専門家は、主として乳牛用の飼料に関する決定の曖昧さをどう考えているのだろうか。

「一般に、雌牛は年初に妊娠し、平均的に九月ごろ子牛を産みます。その後、九月から翌年三月のあいだに牛乳をたっぷりと生産できるよう、大量の飼料を必要とします。

この時期、酪農家はその牛に与えるべき飼料の半分以上を与えます。酪農家は補足分の飼料として、イヌ用の顆粒とよく似た飼料を何袋も買わなければならない。この飼料を製造する生産者は、さまざまな成分の中でもとくに混合タンパク質を使います。

酪農家たちは、いろいろなタンパク質がつねに競合している自由主義市場、世界市場で飼料を調達します。あるときは肉骨粉が、魚肉をベースにした飼料よりも安い。その翌日には、ダイズが一番安くなる。変動は絶え間なく続いています。一番安い飼料の名を正確に言い当てることがほとんどできないほどです。そこで飼料の製造業者たちは、新しい荷札を毎日印刷したりはしなくなる。つまり、ラベルにはただこんな風に書くんです。『タンパク質一〇％』――」

衛生的な飼料と危険な粉末のこうした抜き差しならぬ錯綜は、狂牛病がとくにここ数年で蔓延し、症例数が増えていることの裏づけとなる。飼料混合感染の現象は、文句のつけようがない農場にまで拡がった。最も誠実な酪農家でさえ、誇りをまったく免れることはできなくなる。ただし、現在ではこの問題はおさまっていると、読者は当然考えるだろう。たとえある工場で、肉骨粉がしばらくのあいだは浮遊し続ける危険があるにせよ、この感染要素は消滅するに決まっていると。

それはそうだ。しかし長いあいだ、この要素は狂牛病問題が拡大するための好条件だったのである。この要素はあちこちで、とくに当時までプリオンとの接触があり得なかった牧場で、感染物質の新しい温床を作りだしながら、狂牛病を拡大させてきた。ここでの新しい感染形態（感染形態は無数にある）は、前章の形態と同様、ある牛から別の牛へと、何ひとつ機能が損なわれないうちにプリオンを運ぶ。そこで次章では、おそらく最も消滅させにくい土壌の汚染について語ろう。

5 土壌汚染

衛生的な処理を行なっていれば、屠場や飼料混合による汚染が必ずしも狂牛病問題を引き起こすとは限らない。だがプリオンは、いつのまにか土に埋まっていることもある。長いこと動かないまま、犠牲者が現われるのを待っている対人地雷のように——。

ポール・ブラウンはワシントン在住である。彼は米国国立衛生研究所で神経変形疾患の専門医をしている。この人物については、アメリカの狂牛病の章で再びふれることになる。アメリカにおける牛海綿状脳症の権威である彼は、八〇年代末、簡単な実験に着手した。ブラウンは、スクレイピーにかかった羊の脳の組織を採取した。フランスで「トランブラント」(訳注29)と呼ばれている病気である(この呼称の間違いについてはあとで述べる)。スクレイピーとトランブラントは、同じ病原物質によるかどうかはともかく、いずれもプリオンによる海綿状の脳の損傷を生じる。

そこでブラウンは、感染した脳の断片を採取し、自宅の家屋から数メートル離れた庭先に埋めてしまった。

この著名な科学者は、一見したところ毒にも薬にもならないようなこの方法で、非の打ちどころのない実証を行ない、一九九一年にそれを権威ある医学雑誌『ランセット』に発表した。

ポール・ブラウンはその後も健康体で自宅の生活を続けた。実験の二年後、彼は埋めてあった組織を掘り出した。すでに組織の大部分はなくなっていたが、それはまだ感染能力をとどめていた。

ブラウンは、つるはし代と長い時間をかけたこの実験によって、はかり知れない成果と信頼を得ることになった。結局ブラウンは、プリオンが地中に埋もれていても、何年かはそこにあり、新しいホストに感染する能力をかなりの長期にわたってとどめることを実証したのである。

しかし二〇〇〇年五月二十二日、フランス保健相のリュシアン・アベナイムは、『ラ・クロワ』で次のように言い切っている。

「土壌汚染が存在するとしても、それによって説明できるのはごくわずかな症例です。いまのところ、科学的に確認されている汚染ルートは肉骨粉と母子感染しかありません」

おかしな決めつけだ。アベナイムは科学の世界で認められているブラウンの実験を明らかに無視しているだけでなく、科学者たちにとって腑に落ちない断定を強く唱える。ところが、ロンドンの動物園で飼育されていた動物の中から、海綿状脳症の症例が見つかったのである。この病気を動物園から撲滅するため、動物園責任者たちは感染動物が囲われている場所の地面を数センチ掘り、土を除去することに決めたと、スティーブン・ディーラーは報告している。

また別の例として、牧草からプリオン病が引き起こされる危険もある。アンリ・ウィズニウスキーの研究チームは、「乾草ダニ」(原注2)というクモ形綱(訳注30)に属する昆虫の組織に羊スクレイピーの病原物質があることを実証した。これらのダニは草原に生息し、家畜はこれを牧草と一緒に食べてしまうことがよくある。

スティーブン・ディーラーによれば、これらの昆虫の体内に狂牛病の病原体があるかどうかを確認するため、同様の実証がイギリス政府によって行なわれているはずだという。しかし、これまでに何も発表されていないし、何も公開されていない。

要するに、土壌汚染の第二の決め手を政府がたびたび入手している一方で、海綿状脳症についての実際の知識をもっている正真正銘の科学者たちは、このリスクの処置について蚊帳の外にいるのだ。

前出のアベナイムの言葉が、そのことを手っ取り早く証明している。狂牛病の専門家でない彼は、肉骨粉が感染ルートのひとつだと説明していた。そのことは認めよう。肉骨粉が静脈注射されるというきわめて稀なケースがあるなら、同様に牛が消化器を通じて狂牛病に感染することもあるというのはうなずける。それらの牛は、狂牛病の病原物質を含んだ飼料を口から摂取したわけだ。したがって、アベナイムは食物感染を認めていた。

それならなぜ彼は、土壌汚染によるリスクを認めることができないのか。プリオンは、環境中に存在するならば、反芻動物が草を食べたとき、同時に吸収されることになる。このことは、汚染された肉骨粉を摂取することにほかならない。飼料の中にあるプリオンと、わずかな草や蛆虫のなかにとどまっているプリオン（実際、羊の場合、羊の胃の中に寄生している回虫がプリオンをもっていることもわかっている。高いところにいる小さな蜘蛛もまったく同様である）とのあいだに、区別はまったくありそうもない。

また、狂牛病のように差し迫った異常な事態において、なぜそういうことを把握するための実験（ＢＳＥの感染性は、どのくらいのあいだ土中にとどまるものなのか。羊の場合と同様に、牛の寄生虫もプリオンを宿すのか、といった実験）が一度も行なわれなかったのかということも疑問である。

本書で取材した専門家たちによれば、その実験結果は、羊における場合と同様、牛にとっても危険があることを示しているはずだという。

ある模範的な農夫の転落

土壌汚染は複雑な問題である。肉骨粉は、類似するすべての粉末食品と同様に粉くずが出る。粉くずは、運搬用に使われる袋の底や、トラックの荷台の底に付着する。ネコを飼っている人なら、カラになったキャットフードの袋のなかに、かなり細かな粉末が数センチほど残っているのを見かけることがあるだろう。キャットフードの表面が欠けて、包装袋の底にたまったものだ。

牛の飼料の場合もまったく同じである。もっとも、袋はキャットフードより大きく、この場合はその「かけら」の方が重要なのだが――。次にこの粉末は、風で地面へ運ばれる。もちろん、この粉が汚染されていれば、もとの飼料を食べた牛が最初に感染するだろう。しかし、それにとどまらないのである。たとえばここに、いたっていい加減な農夫（「農夫A」とする）がいたとしよう。またその隣に、きわめて誠実なもうひとりの農夫（「農夫B」）が住んでいたとする。農夫Bは一年じゅう牛たちに草を食べさせ、余裕があれば、割高ではあるが牛たちの体に良い野菜顆粒の飼料をコツコツと与えている。

翌年、農夫Aは経営に失敗して牛を売るが、農場を買い取る人がいない。農夫Bの牧場はいまも唯一のご近所である。その二年後、農夫Bは最高級で「確かな」肉しか売らないパリの肉屋と契約を結ぶ。はなはだ現実離れした喩え話だ。農夫Bは十年間借金を背負い、牛たちの世話をするために休みなく働き続け、肉骨粉のようなまがい物の餌は一度も与えない。実際には、こういうタイプの農夫はいまどき珍しく、ディズニー映画でしかお目にかかれないだろうが、まあ、それはよしとしよう。

農夫Bは、新しい顧客に定期的に肉を提供し始める。実際、彼の仕事は申し分ないし、牛たちも素晴らしく良質なので、事業はますますうまく行く。業容を拡大し、牛たちを買い増やし、パリにあるもう一件の大きな肉屋とも内々で取引をする。もちろん、農夫Bにはそのための十分な土地がないので、牛を独占的に供給することはできない。しかし、牛たちは屠畜されると、すぐに二軒の肉屋に買い取られる。うち一軒は、農夫Bの牛の写真を店頭掲示するまでになる。柔らかな草で育ち、脂の乗りきったよく肥えた牛だ。テレビニュースを見ても、新聞をめくっても、妙な想像をする人はいない。「狂牛病？　イギリスのあれか！　B農場みたいなところなら起こりっこないさ！」

そしてこの感動的な零細農家の話は、かれこれ五年目に入る。しっかりした仕事のおかげで、規模はいまや二倍に拡大した。その倫理観と節度は、パリでも語り草になっている。農夫Bは銀行の融資を受け、農場を拡げることができた。シックなカルチェの住人で、彼の肉を買うパリジャンたちは、農夫Bの名前さえ知るようになる。肉屋にとっても彼は自慢だ！　この酪農家はフランス産の上質肉と、伝統への回帰と、反儲け主義を体現している。

しかし六年目、どんでん返しが起こる。まさに悪夢だ。初めに一頭の牛が倒れる。運動機能の調整が思うように行かない。その牛はまるで、牧場が氷上にでも化したように足を滑らせる。立ちあがることも難しく、ようやく立ちあがったかと思えば、悲惨なことにまた地面に倒れ込んでしまう。

農夫Bは落ち込む。獣医が来て、間違いなく群れのなかで一頭のBSE感染牛だと診断する。すべての牛を屠畜しなければならない。新たに買い取った牛も含めて――。政府の補助金が下りるが、十五年間の誠実な仕事ぶりは水泡に帰し、あとには何も残らない。農夫Bにはもうまったく顧客がつかないだろう。

この例は、すべての酪農家にリスクがあるということを説明するために取り上げた。一般には、事情はもっとわかりやすい。大部分の酪農家は、これとほぼ同時期、肉骨粉を利用してきたからである。

それでも農夫Bのケースに戻ろう。なぜ彼の牧場は汚染されたのだろうか。それまでの経過でわかる。六年前、隣の農場では牛たちに肉骨粉を与えていた。その袋が屋外にしばらく置かれ、粉末が農夫Bの農場まで飛んで来たため、感染がひとつの農場から別の農場に拡がったのである。これは可能性のないことではない。しかし別の可能性もある。たとえば、感染牛（獣医が狂牛病の臨床的兆候があると宣告するまえに、農夫Aが農場経営に挫折し、食肉処理場に売られた牛）の排泄物がひとたび乾くと、やはり隣の牧場まで風に飛ばされていた。

これに関して、ハラシュ・ナランは証言している。

「イギリスで、ある牧場がBSE感染物質によって汚染されました。牛が十分な量の草を食べられるよう、酪農家が牧場にニワトリの糞を撒いていたんですが、このニワトリは肉骨粉を餌として育ったニワトリでした。牛たちはニワトリに移ったプリオンを『回収した』ことになる。それで狂牛病になったんです」

錯綜するリスク

考えられるさまざまな狂牛病感染経路の問題を検討するとき、興味深いのはリスクの錯綜だ。

フランスの酪農団体は、すべて「汚染」されている。生産工程の各段階にリスクが見られ、それはわれわれの想像できる反証を、すべて真っ向から阻んでしまう。衛生的に酪農を行なっていても、よその場所から来た感染物質の粉や排泄物で汚染される可能性がある。感染は蛆虫によっても起こり得るし（BSEに関する実験はまだ行なわれていないが）、最近の調査によれば、感染物質を運ぶこともありそうないくつかの厄介な生き物でも感染し得る。これらの衛生的な酪農もまた、現在なお（プリオンは何年も感染性をとどめることが知られているので）飼料袋の段階で混ざり合う汚染の犠牲者となる可能性がある。またそのあとには、すでに述べた屠場のリスクが待っている。

要するに、酪農へのリスクを含まない食物加工段階を見い出すことは、ほとんど不可能なのである。そしてそれは、われわれが狂牛病の重要性や拡がりについて明らかにすることなく、この伝染病を何年間も蔓延させてきたことが原因なのだ。

人間にも土壌感染のリスクが

この土壌汚染は、牛へのリスクがあるだけではない。同様のメカニズムで、家畜と同じく人間も直接感染する可能性がある。人間が牛の尿や、さまざまな排泄物や、唾液や、そしてもちろん肉骨粉に接する場合、リスクはより高い。屠場労働者は、そのリスクにさらされる人々の代表である。狂牛病に関する統計では、ここでも特定の職種に多くの死亡者数が見られる。

そのテーマで一九九七年に『ブリティッシュ・メディカル・ジャーナル』に発表された考察を引用しよう。

「患者六人（この記事では六人の患者が調査されている）のうち、四人が乳牛牧場で働いていたか、もしくは生活していた（これらの牧場のうち、三カ所はすでにBSE感染物質によって汚染されていた）。また、他の二人は肉牛牧場で生活していた（中略）。

これらの数字は、人間の狂牛病に相当するクロイツフェルト・ヤコブ病に罹るリスクが農夫、とくに乳牛農家の農夫のあいだで増えており、その理由はBSE感染物質に接触するためであることを示している」

実際の疫学的データは、まだ潜伏期間にある大部分のクロイツフェルト・ヤコブ病の症例をすべて踏まえているわけではない。汚染された農場の症例において、感染物質との日常的な接触の正確な結果を厳密に評価するためには、数十年、数百年待つ必要がある。

しかし、一九九七年にこの記事が示していたように、現在これらのリスク人口における罹病率は、国内平均よりもかなり大きい。距離の近さが感染性の決定要因となることがここからわかる。酪農家は、家畜小屋を掃除したり、家畜の世話をするときに狂牛病のリスクと接触する。

日光（紫外線）や時間の経過（ポール・ブラウンの実験を思い出そう）をものともしない病原体に、

われわれは直面している。もしそれが牧草地に「降った」としたなら、牛たちは感染の最大リスクを負うことになる。牛たちのなかには、BSEの最終段階の症状を示しているものもある。牛たちは処分され、入れ替えられるだろう。だが、次に入ってきた牛たちはどうなるか。プリオンが依然としてそこにあるので、それまでにいた不運な牛たちと同じ道をたどるのだ。

これらのプリオンは、確実にわれわれの環境に侵入しており、イギリスの神経病理学者コルチェスターによれば、すでに水道水の中にも見られるという。

われわれの恐怖の大きな原因をいまだに擁護しようとしているあの見上げた人物、ジョゼ・ボーヴェには、おそらく賛辞を呈さなければならない。われらがジョゼは、一風変わっている。彼はいたるところでマクドナルドの店舗を荒し、アメリカ人勢力を駆逐しようとしている生粋の、昔かたぎのフランス人だ。誰でも好きなものを食べる権利はあるので、このいささか大人気ない逆恨みは、大した賛同を得ていない。それでも彼は愛されている。のどかなフランスの農村を思わせる。

しかし狂牛病事件では、ジョゼは酪農家の援護にまわった。多くの畜牛に感染が拡がっている牧場で、「選別処分」を行なうよう提案したのである。確かなデータから、こういう提案は無意味なことがわかっている。ボーヴェもまた、手前流儀に農業ロビー団体の利益のため働いているのだ。食肉の「真っ当な」価値を取り戻すため、大資本と闘っているかのような誠実さを取り繕いながら――。もしもその運動の真の値打ちが、欺かれた消費者たちの屍の上に築かれたものなら、いまこそそれを厳しくチェックしなければならない。

6　保存にまつわる疑惑

コート・ダルモール[訳注31]で、肉骨粉の大型倉庫に場所を提供しているプルイジーという村の住民たちは、当然のことながら不安を覚えている。住民たちの置かれた状況は、イギリス政府も見過ごせなかった隣国のケースと酷似している。

保存施設は、住宅から数百メートルのところに置かれた。どんな影響があるかわかっていないながら、狂気の沙汰だ。近所に住む人々は、チェルノブイリ周辺地域のリスクにも匹敵する並はずれた危険状態にある。

一九九六年六月、BSE汚染物質が土壌に入った村について、『タイム』に発表された記事を抜粋してみよう。

「ある神経病理学者が昨日発表したところによれば、回収手順に不手際があったため、クロイツフェルト・ヤコブ病の感染物質が数年間、土壌や水道を汚染する可能性がある（六月十六日付の記事）。ロンドンのギー病院に勤務しているアラン・コルチェスター博士は、人間の狂牛病であるクロイツフェルト・ヤコブ病を患った人々の国内唯一の集団[原注3]に専任であたっている。アッシュフォードにはクロイツフェルト・ヤコブ病と推定される症例が三件あり、うち一件はすでに確定できている。

コルチェスター博士は、プリオンが不活性化処理にも耐えて生き延び、数年間は土壌や水道を汚染する可能性があるという。博士は、周辺の土地が汚染された場合、その土地を『おそらく無期限で』隔離するよう推奨している。さらに博士は、『プリオンは、ウィルスやバクテリアとまったく違います。通常の不活性化プロセスに対して、プリオンはウィルスやバクテリアと全然違った反応をするのです。私が念には念を入れるべきだと考える理由のひとつがそれです。もし汚染があった場合、区画全体を焼却し、誰もそこに立入らないようにしなければなりません』と言っている。本当の隔離を意味しているのかと博士に尋ねたところ、博士は『そうです。やはり、おそらく無期限でね』と答えた」

それが一九九六年のことだ。ポール・ブラウンは九一年に、プリオンが土壌で感染性をとどめることをすでに立証していた。そしてリュシアン・アベナイムも、二〇〇〇年春に肉骨粉の土壌リスクについて認めていた。しかしそれらはどちらも、政府が居住地周辺の保存施設に肉骨粉を置くことへの抑止にはならなかった。なぜなのか。財政的な配慮がこんなにも手薄なのは納得できない。なぜこの悪名高い粉末を、住民から遠いところに隔離しないのだろうか。

おそらく深刻に受け止められるのを防ぐためだ。この措置の背後には、おそらくこれ以上ないほど人を愚弄した姿勢がある。狂牛病は数十年という、どんな政府の存続も期待できないほど長いあいだ潜伏することがわかっている。本当の理由は隠されているかもしれない。テレビでは、一見何の変哲もない倉庫に肉骨粉を運ぶため、荷台シートもかけず、文字どおり住民の足元を徘徊しているトラックの映像がよく見られる。いうまでもなく、バイオセキュリティ施設と、放射性廃棄物の貯蔵施設にも匹敵するような倉庫とが一緒くたに扱われていたのなら、国民の動揺はいっそう大きなものになるだろう。フランス政府による気休めの言葉と、実施されている措置とのあいだに明らかな食い違いがあることは、即座に露呈してしまう。そして情報非公開措置が静かに進行するのと同様に、何事もなかったように肉骨粉が処理されるのである。

汚染された肉骨粉が眼に入った場合、角膜は、プリオンが中枢神経系に直接入り込む経路になってしまう。肉骨粉は脳内に直接取りこまれたあと、さらに危険なことになるかもしれない。

フランス政府は、この物質の危険性に詳しいプリオン専門家たちよりも強いことが言えるのだろうか。われわれは、畜産業界をきわめて大きな票田とする政治家たちに、耳を傾ける必要があるのだろうか。フリーの研究者たちよりも、ある職種の利益を考えなければならないのだろうか。

行政による宣伝が、ここでも行なわれた。コート・ダルモール県の副知事が、肉骨粉は周辺の住民に何の危険もないということを示すため、肉骨粉の固まりを飲むという愚挙に出たのである。この人物が罪深いというわけではまったくない。しかし無責任な態度ではある。副知事の食べたものが、ただの砂粒だったのを祈るとしよう。

幸いなことに、周辺の住民がそれによって安心しているわけではない。周辺住民が、このスキャンダラスな保存倉庫に対して抗議しているのはもっともだ。フランスのどこの村も、政府によってバイオのゴミ棄て場にされて喜ぶはずはない。

プルイジー村のほかにも保管施設はある。とくにイル・ド・フランスとアルデンヌに数カ所だ。「一九九六年（肉骨粉の禁止された年）は、おしなべて例年よりもひどかった」という農業省食糧局の説明には、それこそ開いた口がふさがらない。しかし、周辺住民は安心してよい。今後、倉庫は管理下に置かれる。有能な科学者でもあるコート・ダルモール県知事、バーテルミー氏が少なくともそれを保証している。「われわれはプルイジー村にBSE感染物質の粉末はないと確信しています」と知事は言う。

唖然とさせられる政府の発表に対して、ある環境団体の代表を務めるハメル氏は、一九九九年八月三十一日の『ル・モンド』で強く反論した。「一九九六年と九七年に、BSEの動物から作った肉骨粉が保存倉庫に存在しなかったという確証はありません」。そしてハメル氏はこう付け加える。「われわれは許可された粉末の中に、禁止された粉末が入り込む可能性があるという証拠を握っています。この業界には、きちんと行なわれていないことがあまりに多い。解決策は、すべての肉骨粉を禁止することなのです」。

7　「フランスの狂牛病は始まったばかり」

こうした情報隠しの陰謀に、獣医学者は荷担していない。というより、獣医学者は羊スクレイピーのような動物の海綿状脳症を昔から知っていたにもかかわらず、プリオン病の数多くの症例があることに気づいていないのだ。どういうわけだろう。

クロイツフェルト・ヤコブ病は、古い病気である。この伝染病は初めのうち、分類できない病理グループ、あまり多くを知られていない雑多なグループに入れられていた。

この病気は脳を冒すが、臨床的発表はそれぞれ微妙に異なっている。実際には、世界の誰もこの病気に関心をもっていなかったのだ。その亜種にあたるプリオン病に、ほとんど発音不可能な病名がつけられても、誰ひとりそれについて話をしないので、大した問題にもならなかった。ゲルストマン・ストロイスラー・シャインカー症候群(訳注32)だ。さらに別のプリオン病に、致死性家族性不眠症というのもある。慎重にいうなら、どれも脳のさまざまな部位を破壊する神経変性疾患と定義できる。

これらのかなり変わった病気の症状は多岐にわたる。致死性家族性不眠症は、睡眠の一部をつかさどる脳の部位を冒す。眠れなくなるのだ。旧来のクロイツフェルト・ヤコブ病では、一般に大脳皮質が冒される。記憶、視覚、さらには言語といった特殊な機能をつかさどる部分だ。ゲルストマン・ストロイスラー・シャインカー症候群でも、こうした機能のひとつ(または複数)が失われる。

一方、さまざまな症状を示す新変異型クロイツフェルト・ヤコブ病の場合、平衡感覚が損なわれる。患者はせわしなく揺れ動き、座っていることができない。その後は心神喪失、パラノイア、幻覚などが現われる（これは症例によって異なる）。

狂牛病が出現するまで、こうしたプリオン病はかなり稀少（一〇〇万人に一人以下）だったので、科学の世界ではほとんど無視されていた。筋障害に関する研究から見つかった問題が知られるようになると、これを治療するため、賞賛に値するほどの努力がなされた。しかし、ピック病(訳注33)やゲルストマン・ストロイスラー・シャインカー症候群のための「テレトン」(訳注34)は計画されなかったのだろうか。計画されなかった理由のひとつは、おそらくピック病患者が、筋障害患者に比べてテレビで紹介しにくいためである。この病気の進行期に見られる危険な痴呆状態は、司会者を慌てさせたり、スタジオを混乱させることもあり得る。

本当のところ、この病気の珍しさや、並はずれた複雑さが、この病気に対する関心の不在を正当化してしまうわけである。肺の病気やＡＩＤＳの方が、最終的には高い優先順位を与えられる。

しかし獣医学者たちの場合、何世紀も昔から羊の海綿状脳症を知っていた。スクレイピーは、イギリスのような国では重大な経済学的問題だったし、フランスでもある程度はそうだったことを知っておく必要がある。したがって家畜について研究している獣医学者は、この病気への対策にも詳しいのである。

しかし狂牛病を効果的に検査するためには、それで十分だろうか。おそらく否である。BSEは、羊の海綿状脳症とよく似ているにもかかわらず、獣医学者がいまなお解明に手こずっている新しい病気なのだ。政府と酪農家が情報を出し渋っているため、獣医学者の大部分は不実なせいではなく、情報の不足から、数多くのBSEを「取り逃がして」いるのである。この感染症が進行する期間の五分の四は、何の症状も現われないことを忘れてはいけない。

「リスクなんてどこにもない」

もちろん、行政がくだくだと際限なく繰り返す当て馬情報はあい変わらずある。

「善良なる市民よ、ご心配なく！」

ブルターニュ地方の国民議会議員であるル・フュル氏は、一九九六年にそう発表した。「落ち着いて考えましょう。衛生上の保証はある。消費者は『フランス国産肉』のラベルによって、肉の生産地についての保証が得られるのです。だからリスクなんて、どこにもありません」

いま、四年前からの事件の経過を見る限り、知事は九六年三月十三日付の『ル・モンド』に掲載された自分の言葉をすっかり忘れてしまったらしい。

二〇〇〇年十一月十二日、イギリスの新聞『サンデー・タイムズ』に、このテーマについて昔から研究を続けてきたフランスの獣医学者、ジャンヌ・ブリュギエール・ピクーの言葉が引用された。

「いうまでもなく、狂牛病に汚染された肉はわれわれの食物連鎖の中に入り込んでいる。違法行為による場合もあれば、肉の安全性を管理する調査員たちが、初期段階のBSEを検出できない場合もある」

ほとんどの酪農家と調査員は、狂牛病の最も明らかな兆候を見分けることすらできない。ブリュギエール・ピクーがそう発表したとき、同紙はその言葉も掲載した。

スティーブン・ディーラーは言う。

「フランスの狂牛病は始まったばかりです。私の計算によると、フランスでは現在、検査で見つかる症例は四頭のうち一頭。イギリスと同じく、フランスでもこの確率はだんだんと減って行きます。つまり将来のある時点で、フランス人は一〇頭か一五頭に一頭しか狂牛病を検出できなくなるでしょう」

ただし、この見通しとて最も警告的なものではない。『インディペンデント』は、一九九六年に実施された別の調査にもとづいて、イギリスで見つかった狂牛病の牛一頭一頭に、別の四〇頭の症例が隠れており、それらは食物連鎖の中へ自ずと入り込んでいることを明らかにしている。

ディーラーの言葉についてもうすこし考えよう。何を意味しているのか。現在フランスで見つかる症例は、なぜ四分の一であり、すべてではないのか。

ディーラーが、四分の一の症例（調査実施は二〇〇〇年十一月だから、この数字は本書の刊行時にはもっと少なくなっているはずだが）について語るとき、彼は現行の検査をもとにしていない。いま、フランスは屠殺段階までのすべての牛について、体系的な検査を実施しているわけではないのだ。生後三十カ月以上を経たすべての牛の脳を検査するという、昨年度末に決定された措置でさえ、全体的な枠組みからすると、不完全な考え方でしかない。[訳注35]

三十カ月齢以下の牛について検査をしないのは、一歳までは早熟すぎて発病しないからだという。そうかもしれない。しかし潜伏期間中の牛もいるはずである。

実際、二年半という期間では牛の小脳にタンパク質の蓄積が十分には起こり得ないとしても、感染の初期にはプリオンが血液中に大量に集中する。つまり筋肉にはプリオンがあることがわかっている。

これらの牛は、ひとたび食物連鎖を首尾よく通過すると、人間による消費にとって最大の危険となる。

その牛の肉の一部からでは、症例の実際の感染レベルを知ることはできない。従来のシステムによる検診は、見たところ積極的に行なわれているが、じつはデタラメな検診の典型例だった。牛たちは「消費者の信用を取り戻す」ために検査されていたのだ。

どんな科学者でも、検査の信用度は限定されてしまうと説くだろう。検査では、潜伏期間にある牛まですべて検出することができない。

そのかわり、牛の全頭検査を行なうことはメリットがある。というのも、そうすれば狂牛病の本当の規模を決定する疫学モデルが使えるからだ。しかし、この措置を衛生上の保証とするのは欺瞞である。脳の検査では、プリオンの異常集中が明らかになるのであって、BSE検査では最終段階に達する狂牛病しか検出できない。最終段階に達していない狂牛病の感染牛は、素通りしてしまうのだ。

狂牛病の隠れた症例

検査システムの不備については後章でまた述べるが、これに加えてもうひとつの問題がある。数多くの症例が、酪農家によって隠されているのである。調査員と共謀している場合もある。

この嘆かわしい習慣は、フランスだけのものではない。農家に感染牛の申告をしないよう呼びかけるという馬鹿げた報復手段によって、むしろ拡大している。

コムテックス通信は二〇〇〇年十一月二十日、デンマークの農夫が屠殺の際に五〇〇クローネの罰金を避けるため、感染牛を隠していたと伝えた。

一九九九年十二月九日木曜日、フランス東部、サン・ディエの農夫が、BSE感染牛を違法に殺したことにより、執行猶予付き二カ月の刑と、四万フランの罰金を課せられた。何とも軽い刑罰だ。

もちろん、これはめずらしいケースではない。何年も手がけてきた仕事の象徴である牛たちを群れごと失うと考えただけで、売上げの誘惑が理性にまさってしまうのは十分にあり得ることだ。さらに、牧畜業界はきわめて閉鎖的で、法定の判決は酪農家しか傍聴できないことも多く、報道関係者や（信じられないことだが）、保健機関でさえ情報を得られないのである。地元の獣医も、きわめて微妙な立場に立たされる。ＢＳＥの症例を告発することは、長いことつきあいを続けてきた農家から裏切りと見なされる。他の農夫たちが連帯して、お得意さんが離れることを獣医にほのめかし、一種の恐喝を行なうのもめずらしくない。

酪農家の世界と同じく、閉鎖環境の代表である食肉処理場に関しては、何をか言わんやである。衛生上の規制は山ほどあるが、それが実際に機能しているかどうかに関する入手可能な情報は、いかにも断片的だ。イギリスでは、明らかな違反行為をあちこちで見つけることが可能だった。二〇〇〇年三月、骨にぶら下がった脊柱の破片が見つかったが、何とこの骨は、すでに衛生検査をパスしたものだった。国内食肉処理場も含めて、この種の事故がどこでも起こっている可能性は高い。

人間の生命への影響を問題にする場合、いまのところ症例隠しは、骨の処理のレベルで起こり得る不注意と同様、避けられない問題のほんの一部にすぎない。

しかし、狂牛病は拡がっているのである。じきにＢＳＥの症例がもっと増えれば、より多くの農家が、感染牛を何らかの方法で処理する際、最後まで慎重に行なっているかどうかを検査されるようになる。感染牛の骨がもっと増えた場合の処置でそれを隠蔽することは、不注意による過失の問題とともに増大して行く。

食肉の安全性は、だからいまや神話と化しているのだ。

8 「NAIF」と「スーパーNAIF」は大きな陰謀か

「ＮＡＩＦ」という言葉は、一九九〇年に肉骨粉が公式に禁止されたあとで生まれた牛たちを意味する。禁止令では、もってまわった条文で抜け穴ができてしまった。(訳注36) 一九九六年、政府機関はそれよりもはるかに厳しい措置、つまり肉骨粉使用の限定的中止を決定することによって対応した。一九九六年以後に生まれた牛たちは、「スーパーＮＡＩＦ」(訳注37)と分類されている。

これは、汚染された飼料を牛たちが食べていない場合、その牛たちは狂牛病になり得ないという原則からスタートする。単純な原則である。肉骨粉がすべてを説明しているわけだ。肉骨粉を制限的に禁止すること（それが食品製造施設において衛生的な飼料と隣り合わせになることを踏まえたうえで）が、感染源の撲滅になるというものである。

さらに、農業省が発表した声明は、ＢＳＥが二〇〇一年からは絶滅することを保証していた。今度は簡単な算数である。狂牛病の平均潜伏期間は五年なので、一九九六年以後に生まれた牛たちのほとんどは、二〇〇一年時点で感染しているはずがないとする。

われわれに対してこのような詭弁を弄する政府の人々を、筆者は単に無知なのだと考えたい。おそらく彼らは何も知らないのだと――。

本書の取材をするあいだ、筆者はそう思いたいと切に願ってきた。さもなければ、ＮＡＩＦの扱いは、死を招く可能性のある肉をフランス人に飽食させることを目指した、空恐ろしい陰謀になってしまうからである。

政府は、禁止令以後に生まれた牛を食べさえすれば、すべての感染リスクを十分に避けられるとわれわれに信じ込ませようとした（そして成功した）。牧畜業の再生を願い、また狂牛病の症例数が確実に減少すると考えてのことである。

もちろん、それは一九九六年の症例数だ。感染牛の肉骨粉飼料を牛に食べさせることが禁止されたとき、汚染を媒介する牛は排除された。そして症例数は減った。二〇〇〇年現在、症例数は一六二頭が確認されており、狂牛病は一時的に盛り返していることがわかる。しかしこの数字は、長いタイムスパンで見ると減っている。政府が勝利を宣言するのに十分なほど長期にわたってだ。一度だまされた消費者は、牛肉を再び買い始めている。

それでも、政府の人々が狂牛病にあまりにも疎く、本書で見てきたようなさまざまな蔓延のしかたについて無知であることは確かだ。新世代の牛たちが生まれている、と政府が声を大にして言うなら、ここにひとつの疑問がある。ＮＡＩＦはひとりでに生まれて来るわけではない。母牛がいるのだ。そして古い牛の群れから生まれたこの母牛は、ＢＳＥ感染物質と接触している可能性がある。

狂牛病のリスクは避けられたと宣言するまえに、政府はこの調査を進めていたのだろうか。まったく進めていない。なぜなら政府は、ある本質的な事実に気づいていたからだ。それは最近のことではない。六〇年代にさかのぼる。

リチャード・ディッキンソンという科学者（七〇年代のはじめにエディンバラ大学の脳病理学部長

を務めた）が、ほとんど一軒一軒の農家についてイギリス国内を調べまわったことがある。それぞれの農家で、ディッキンソンは一頭ずつ羊を買ったが、そのときに「お宅の羊はスクレイピーですか？」と質問した。

答えが「はい」なら、彼は買った羊を自分の牧場（ディッキンソンは莫大な資産をもっていた）の第一囲い地に入れた。「いいえ」なら、第二囲い地に入れた。

十回の調査を行なったあと、ディッキンソンは牧場に八〇〇頭の羊を所有していた。一方の農場にはスクレイピーに感染した羊が、もう一方には感染しなかった羊が、それぞれ四〇〇頭ずつ入っていた。

その後まもなく、スクレイピー感染羊の七五％は死ぬか、もしくは発病した。感染していない羊の囲い地では、発病した羊はほとんどいなかった。続いて、ディッキンソンは健康な羊と感染羊を交尾させ、さらにその実験を数回繰り返した。その結果、交尾によってできた子羊の九五％はスクレイピーだった！　垂直感染(訳注38)が証明されたのである。しかし、もちろんこの実験についての発表は行なわれなかった。なぜか。ＮＡＩＦの神話がたちまち崩壊するからである。政府は、もしスクレイピーが母羊（それまでの数年間で感染物質に接触した可能性のある母羊）から子羊へ伝染するなら、どのような安全管理にも望みがないと理解したはずだ。

その術策の失敗が明らかになり、肉骨粉禁止後に生まれた最初の牛が死に始めたとき、垂直感染のリスクがあらためてわかった。しかし対応は口先だけだ。このあと、政府の責任者たちは、次のような本質的な指摘をする者がいない限り、沈黙を守っていることにした。「政府はNAIFが安全だと言った。しかし母子感染でその間違いが証明された。どうせ初めからわかっていたんだろう！」

原因は、政策そのものではなく、政策を方向転換して政府の宣伝的スローガンに変えてしまうやり方にあった。遅きに失した憾みはあるものの、肉骨粉を禁止したのは正しかった。本書でもこの粉末がどんなに危険か後述する。国民が想像しているよりもはるかに危険である。では、一体どうすればよかったのだろう。政策の適用である。ただし、はっきりとこう宣言しなければいけなかった。「われわれは手の施しようのない危機に遭遇している。狂牛病が家畜に感染することを可能にするもうひとつの媒介動物が存在する。そしてそれは当面何の危険もない。われわれはまだ包括的なリストを作成できる状態にはないが、食物連鎖の各段階で感染が進むのを食い止めるよう努力を続ける」

もちろん、そんなことをすれば牛肉産業は落ち込んだだろう。その損失は数百億フランになる計算だ。講じられる措置は、それでもおそらく十分でなかっただろう。しかし政府の人々は、少なくとも良心の咎めを受けなかったはずだ。政府はそうやって、第一段階にすぎないとはいえ衛生措置を講じるべきだったのに、結局偽ることしかしなかった。今度も政府は怖気づきながらも、「NAIFを食べても大丈夫」と宣言している。

この思惑は馬鹿げている。NAIFの問題は重大なきっかけを作っていた。フランスで爆発的に増える恐れのあった新変異型クロイツフェルト・ヤコブ病は、一九九六年に肉骨粉の全面禁止を行なっていれば、おそらくまだ抑制可能だった。しかしこの措置は実現しなかった。残念なことに、これは牛肉の消費を促進するための口実として利用されたのである。これでわれわれ国民にとっては、最後のチャンスもついえた。

現在、あまりに多くのBSEがフランスの牧場で密かに進行している。そしてあまりに多くの国民が、すでに新変異型クロイツフェルト・ヤコブ病を潜伏させている。その経済的打撃ははかり知れず、肉骨粉の禁止をはじめとする九〇年代半ばの措置をものともしない。

避けられない母子感染

約一年前、ひとりのイギリス人女性が女の子を産んだ。赤ちゃんの名はアマンダ（家族の希望で仮名にしておく）。母親はアマンダに新変異型クロイツフェルト・ヤコブ病を移してしまい、二人ともこの病気で死を迎えようとしている。狂牛病に感染した牛の肉を食べたため、母親がこの悲惨な神経変性疾患に罹ってしまったのだ。責任は、わが国を縛っているのと同じ暗黙の規制にある。

ノーベル賞受賞者プルシナーの助手のひとり、フレッド・コーエンは、この問題について次のように述べた。

「非常に気がかりです。こんなに早くアマンダが症状を示したということは、おそらく妊娠のきわめて初期の段階で感染していたことになります。クロイツフェルト・ヤコブ病であることを知らずに身ごもっているすべての女性は、自分の胎児に移している可能性がある。このため、状況はきわめて深刻なものといえます」

リチャード・レイシー教授がこれに折り紙をつける。

「母子感染は避けられない」と——。

垂直感染が羊にも人間にもあるとしたら、牛の場合、話は別だとはとても言えなくなる。

スティーブン・ディーラーによれば、NAIFの世代まで到達した感染の形態は、多くが垂直感染であり、そうした感染形態は、牛肉を何の心配もせずに食べてもよいと喧伝されていた時期にも知られていたか、あるいは可能性が予測されていたという。

「ただし、BAB（Born after the Ban——NAIFに相当する英語）もBSEの感染牛です。垂直感染だけが原因ではありません。この地域の風土的特質による「水平感染」（土壌による感染のこと）もあるのです」

さらに他の要素によっても、NAIFは危険と考えられる。とくに二〇〇〇年二月五日の『フィガロ』で告発された、肉骨粉の不正輸入がそれである。同紙によれば、一九九九年六月まで、牛に与えられていた餌の中に微量の動物性タンパク質と骨粉が見つかっていた。

二〇〇〇年八月二日、AP通信はジャン・グラバニ農業相が毅然たる態度で、次のように述べたと報じている。

「近い将来、イギリス産牛肉の輸入禁止が解除される可能性はまったくない」

まわりくどい言い方はしなくていい。イギリス産牛肉がフランスに出まわっていることをグラバニは認識していなかったということだ。

このこと、すなわちイギリスの牛肉と肉骨粉の不正輸入については、コムテックス通信が二〇〇〇年十一月九日、次のように報じている。

「フランス警察庁は、三二〇〇トンのイギリス産牛肉と数万トンのイギリス産肉骨粉が、輸入禁止にもかかわらずフランスで不法に売られていたと発表した。警察はこの事件を担当する特別チーム、いわゆる『狂牛病班』を編成し、不法輸入の捜査にあたらせることにした。その結果、警察はイギリス産牛肉を扱う国際ルートをついに明らかにした。最有力の容疑者は、ベルギーの経営者、リュディ・ドゥコックである。

特別班の班長を務める陸軍中佐のピエール・パタンは、この男がブルージュの北にあるクノッケという町でひっそりと暮らしていたところを国際逮捕したと発表した。

『ドゥコックはそれ以来、数日間拘留状態にあるが、ベルギー警察はまだ捜査を続ける』とパタン班長は言った。フランス警察は、ドゥコックが三〇〇万ドル近くにのぼる欧州委員会の補助金を横領したとまで考えている。狂牛病班は、密輸ルートによって、エジプト、西アフリカ、ロシアといった発展途上国や経済移行国にもイギリス産牛肉が輸出されていたことをつきとめた。

イギリス産牛肉は、ベルギーに不法輸出され、違法な手順で『ベルギー国産肉』のラベルを貼られた。続いてオランダやフランス、さらにアフリカやロシアにも輸出された」

二〇〇〇年四月二十日の『エクスプレス』は、次のような驚くべき事実を伝えている。

「フランス政府は、他のヨーロッパ諸国から輸入されてきた肉骨粉のトン数をまだ正確に把握しきれずにいる」

国境には抜け道があり、フランスは甘んじてイギリス狂牛病の受け皿であり続けている。それは直接に、ベルギーの密輸業者によって不法に入ってきたのかもしれない。あるいは密輸ルートで入手可能と思われる「数万トン」もの輸入禁止肉骨粉によるものかもしれない。そうやってイギリスの狂牛病が闇ルートでフランスに入ってきたとき、何に伝染するだろうか。

NAIFである。

9　病原となる肉骨粉

肉骨粉、英語の通称ＭＢＭ（Meat and Bone Meals）とは、読んで字のごとく「肉と骨からできた飼料」のことである。これはある選択の直接の結果として生じた。つまり収益性という選択であり、牛をすこしでも安く生産しようという、酪農家がつねに考えなければならない事柄である。ここで間違ってもらいたくないのだが、肉骨粉は、ネクタイ姿のクールヘッドな経営者たちが管理する大企業の専売品ではない。狂牛病の危機をもたらした暴走するキャピタリズムは、誰の目も届かないところにあるのである。

肉骨粉は、金持ちをもっと裕福にするためだけに供給されたのではない。何よりもまず、貧しい人々を借金苦から解放するものだった。貿易自由化が話題になっているいま、敵はアメリカの金融資本にありとか、利益だけを存在理由にしているコングロマリットだ、などと息巻いていると元気が出てくるものである。だが残念ながら、肉骨粉の場合、それは当たっていない。食肉産業が毎年生み出す数十億ユーロの売上げについてはすでに述べたが、その本質についてはまだよく考えていなかった。ヨーロッパの状況は、たとえば米国テキサス州の状況と似ているのだろうか。

テキサス州では、ごく少数の人々が総数約一五〇〇万頭の家畜を管理しており、牧畜業に関する無慈悲な法律の適用を受けている。とくに世界で知られるニュースキャスターのオプラ・ウィンフリーさんが、狂牛病に関するテレビ番組でうっかりと個人的な懸念を口にしてしまったため、テキサス州の農民から告訴されたケースがあるが、これについてはまた後述しよう。

フランスでもことは同じなのだろうか。「牛肉王」の名前など言える人がいるだろうか。わが国では、牧畜業が零細農家に細分化されている。それらはしばしば家族経営で、国内市場のわずかな残りをあさるため、死ぬほどの借金をしている。

彼らの力は別のところにある。投票権である。これはわが国の地方における地域圏(訳注39)の強力な基盤だ。それはたったひとつのパワーの源だが、とんでもなく大きなものである。自分たちの要求が聞き入れられなければ、首都へ踏み込んで行くことも辞さないこの騒々しい少数派は、大統領官邸や首相官邸さえも震え上がらせる。

ずっと以前から、主要な農業組合であるＦＮＳＥＡにはひとつのスローガンがある。「政府だけに頼るな」である。これはつまり、資金を手広くかき集めろということだ。一方ではＥＵ補助金を取りつけ、他方では納税者である消費者から強引に奪取することによって――。

一九九六年、研究省政務次官のフランソワ・オベール（責任ある態度を取っている数少ない政治家のひとり）が、「危機に直面した際、政府の能力には一定の限度がある」と述べたとき、彼のこの言葉に対して信じ難いほどの抗議の声があがった。元農業相のフランソワ・ギヨームは、それ以前に長いことＦＮＳＥＡの議長を務めた人だが、次のように声明している。

「狂牛病は九九％がイギリスの病気だ！　こう宣言することが、どうしてパニックの種を撒き散らすことになるのか」

また、「無益なうえに高くつく衛生措置の強化」についても、ギヨームは非常に強い懸念を表明している。ギヨームの後任となったリュック・ギュイヨーは、動物性タンパク質を「近代化の一環であり、農民にもその権利がある」と説く。そしてこう付け加えている。「草食動物を肉食動物にしてしまったわけではない。たかがタンパク質補充用の食物を与えただけではないか」

この指摘こそ、肉骨粉偏重の責任を大資本に帰すことができない理由になっている。フランスの田舎の風景に「絵のように美しく」溶けこんだ「伝統的な」零細農家は、世界中の農民の利益にも匹敵しそうな予算をこれまで以上に緊急に必要とすることとなったのである。すでに述べたように、農民たちはしばしば負債を抱えていたが、家計を建て直すには、肉骨粉がもって来いの手段であることを知った。動物性タンパク質への狂奔は、多国籍企業の病ではなく、むしろ零細農家の病だった。

フランスでは英国同様、四〇頭の牛の所有者であろうと、四万頭の所有者であろうと、ほとんどすべての牧畜業者が肉骨粉の助けを借りた。意図せずして用いている場合もあっただろう。この乳牛用補充飼料の説明書が、非常にわかりにくく書かれていたからだ。しかし大部分の場合、農民たちはなぜ肉骨粉を与えるかをよくわかっていたはずだ。

肉骨粉の使用は、その明らかな栄養価の高さが注目された七〇年代の終わりに、イギリスで一般化した。肉骨粉によって、乳牛の収益性を奇跡的な割合で高めることが可能になった。そしてフランスも他のヨーロッパ諸国と同様、この動きに追随した。

その名が示すように、肉骨粉混合飼料には、牛の死体の中でこれまで消費用に使われたことのないあらゆるものが入っている。

近年の牧畜の歴史に幕を下ろすような、下劣で胸の悪くなるような詳細については、誰もがよく知っている。牛の餌に下水汚泥を混ぜていた(訳注40)フランスの慣習をイギリスが報復的に暴いたことも、そうしたもろもろのエピソードのひとつである。食肉業界は汚染されていて、良心に恥じることがない。この業界は、動物の権利や尊厳を嘲笑すると同時に、消費者をも愚弄している。乳をまったく含まない人工乳の助けを借りて子牛を育てるにいたっては、まったく言葉も出ないほどである。この恥ずべき混合物は、見た目は液状で白っぽいが、豚の脂、つまりラードでできているのだ！

肉骨粉では、年代によって異なる温度で牛の骨が加熱されていた。八〇年代の半ばまでは、一〇〇度以上（一般には一二一度だが、温度は一定せず、確認するのはきわめて難しい）で殺菌が行なわれていた。その後は、加熱温度が「より経済的」なレベルになり、しばしば一〇〇度以下となったのに加えて、化学分解が行なわれるようになった。

リスクは消えない

その時期になっても、海綿状脳症について知られていることはまだ少なかった。それでも、肉骨粉のリスクに配慮するには、いつまでも悩んでいるわけに行かない。たとえBSEが公式には存在しないとしても（実際は存在していたが、イギリスの家畜総数に占める割合は大きくなかった）、その危険は羊と羊スクレイピーにも関わることだった。ところが、このリスクも不問に附されてしまった。悪夢の堂々めぐりだ。

科学者たちでさえ、この粉末によって引き起こされる大事件の正確な影響力については、危機の当初においては何もわからなかった。それでも肉骨粉の製造業者たちは、獣医や科学者たちの尊厳を借りて、農民たちに肉骨粉の概念を理解してもらうよう努めていた。

そんな肉骨粉製造業者たちも、イギリス政府を見ればいささか腹が据わったことだろう。実際、イギリスでは他の西欧諸国と同様、死体の保存や解体の問題がますます激しく指摘されつつあった。大量の廃棄物を生み出す消費システムを、国の機関はどうすることもできなかったのだ。

常軌を逸した偏重

動物を煮くずれ状態に変形させ、それをよその場所で別の動物に与える。今度はその動物が屠畜され、その死体が次の動物種を育てるために使われる。羊から牛へ、牛からニワトリへ、ニワトリから豚へ、豚から牛へ――。次から次へと、すべての動物が病気の潜在的な媒介者となるまでそれは続く。加熱処理をしてもなお残存する病、つまりプリオン病である。

肉骨粉の危険は、ここ数年で疑う余地がなくなっている。理由はきわめて単純だ。もし肉骨粉がプリオン病の牛からできたものなら、粉末顆粒が媒介物質だからである。続いてこの粉末を使って、別の動物種を育てたとしたら、たちまちこの病気は次の種の内部に拡がる。この美味しい粉末を「味わっている」動物たちがかりにプリオン病でなくても、それらの動物が感染し、消費者に移ることもあれば、あとでその動物の死体を食べさせられる動物、つまり別の動物種に移る可能性もある。二〇〇〇年九月、権威ある報告書『国立科学アカデミー報告書』に発表された実験によって、それは証明された。オーストラリアのプリオン専門家ジェニファー・クックは、シドニーの新聞『モーニング・ヘラルド』にそのことを詳しく述べている。


「プリオン病に関するすべての実験は長期に及び、この研究の結果がわかるのは数年後である。いまから四年以上前、ロンドン医学研究所プリオン研究課のヒル教授による研究チームは、羊スクレイピーに感染したハムスターの小脳をすりつぶして、二〇匹ほどのハツカネズミに注入する実験を開始した。

スクレイピーは二〇以上の系統に分かれており、イギリスの羊のあいだで拡がった風土病である。一九八五年頃に現われてヨーロッパ中に拡がった狂牛病は、このスクレイピーが根源ではないかと思われる。

二十年以上前、ある研究者たちは、スクレイピーに罹ったハムスターの組織をハツカネズミに注入しても、ハツカネズミは一生発病することなく生存できることに注目した。そこで、スクレイピーはハツカネズミには感染しないと推定されていた。

しかし、ヒル教授の研究チームは、この実験をさらに一歩進めた。ヒル教授が、感染したハムスターの小脳をハツカネズミに注入した結果、ハツカネズミたちはスクレイピーを発病しなかった。ハツカネズミたちが自然死したあと、研究チームはその小脳を集め、それをまた別のグループの（健常な）ハツカネズミとハムスターに再注入した。スクレイピーが発病しないことを確認するためである。

この実験は、ある単一の抑制機能を調べるためのもので、それ以上の目的はなかった。しかし、研究者チームも驚いたことに、ハツカネズミとハムスターはその五カ月後に発病し、プリオンがそれらの脳に定着して、海綿状の損傷を与えていたのだった。

しかもハツカネズミには、四年前の実験当初に注入されたハムスターのプリオンとは違った、自家製プリオンができていた。この単一の抑制機能を調べる実験は、大発見となったのである。ヒル教授は、最初の二〇匹がスクレイピーのキャリアになり、スクレイピーを伝染させる機能があることも証明した。

タンパク質を検査し、その分子的特性を明らかにするための新しいタイプの実験では、こうしたハツカネズミの中にプリオンが大量に蓄積していることが確認された。

これらの結果からわかるのは、ハツカネズミにおけるスクレイピーの『サブクリニックな』（症状に現われない）、または検出不可能な形態が存在するということだけではない。ヒル教授は、ＢＳＥが健常な牛によっても伝染するという仮説を裏づけたのである。教授はまた、ＢＳＥを潜伏させている人間が、汚染された医療器具で外科や歯科の患者にＢＳＥを移す可能性があることも裏づけた」

医療感染についてはあとでも述べるが、さしあたってはこうした実験が、肉骨粉のレベルで何を意味するかを明らかにしておきたい。ヒル教授の研究はふたつのことを証明している。プリオンはひとつの種から別の種へ移動し、新しいホストの中で、その場所の特性を備えたひとつの株を生み出す。わかりやすく言えば、ハムスターの伝染病はハツカネズミに移り、ハツカネズミの体内のタンパク質を利用する。病気の原因物質は、信じられないほど簡単に順応してしまう。

第二の重要なポイントは、ある種から別の種への伝染はたいへん時間がかかり、その理由はまだわかっていないということである。

肉骨粉が別の飼料と混合することにより、狂牛病が伝染することは前に述べたが、同様に種から種へと、われわれ人間はこれらの目立たず検出不可能な、しかし狂牛病を完全に伝染させることのできる媒介物質の出現を促してきたのである。

肉骨粉の危険は、ある牛から別の牛への伝染という、それだけでも悲劇的な現象にとどまらない。肉骨粉は、ヒル教授の実験のように、直接にはプリオンの犠牲とならない動物を一世代作り上げてしまうことにも寄与していた。そうした動物は、狂牛病を「何事もなく」取り込むだけなのだが、あとになってその死体は、死体を食べさせられるすべての家畜に狂牛病を運ぶ。それがどのような作用によるのかは、まったくもって未解明なのである。

10 肉骨粉——全面禁止は一時的か——

二〇〇〇年まで、肉骨粉はフランスの酪農を汚染してきた。いまは一時的な禁止措置が取られており、遅きに失したとはいえ、なしでは済まされない決定が下されることを予感させる。例外なしに、肉骨粉を全面禁止とすることである。

この決定に関して、シラク大統領の姿勢は他の政治家よりまだしも前向きである。しかし誇張は控えよう。科学的データは数年前から利用可能だったのだから、こうした措置はとうの昔に取られていなければならなかったのだ。すべてを公平に見た場合、どうしても次のような結論が導かれる。肉骨粉は、好ましからざる過去の思い出にしなければならない。二〇世紀末を特徴づけた農業慣習の恥ずべきシンボルとして——。

しかし、肉骨粉問題はまだ正しく処置されていない。すでに肉骨粉が牛その他の家畜には与えられなくなっているとすると、皮肉なことに、状況は人間にとっていっそう予断を許さないものとなる。

一九九六年、プリオン専門家のリチャード・レイシー教授は、これについて警告した。「この習慣（人間の身の回りに肉骨粉があること）は、たとえイギリス産の牛を全頭処分しても、狂牛病が復活する可能性を意味する」

すでに述べたように、土壌汚染についてはアッシュフォードの事例[訳注41]で、コルチェスター教授が人間にとっての肉骨粉の危険を政府に警告した。教授は警告を聞き入れてもらえなかった。いまはこれと同じ問題が、フランスのプルイジー村で起こっている。この他にも、いくつかの事例がある。

コルチェスター教授の警告から四年後、イギリス政府は——フランス政府とまったく同じく——必要な措置を怠っていた。悪い時に、悪い場所へ移り住んでしまった住民が、肉骨粉で狂牛病に感染しないための措置である。

二〇〇〇年十一月二一日、『ガーディアン』に発表された記事を抜粋しよう。

「人間の新変異型クロイツフェルト・ヤコブ病は、イギリス東部の村、アートープと関係がある。

この村から約六キロ離れたところを訪れる人は、ベントレー鉄道沿いの工場から立ちこめる刺激臭に包まれる。煙には塵灰が含まれている。だが、数年前はもっとひどかったと村人は言う。ここがプロスパー・ド・マルダー社である。肉のリサイクル（肉骨粉製造）の七〇％を行なっている会社で、年間の売上げは約一二億フランである」

狂牛病の原因になったここの製品は、生まれたときからベジタリアンでありながら死んでしまった人々を含め、直接の犠牲者たちを続けざまに出している。

こうした数々の情報があっても、また肉骨粉の倉庫や製造所のまわりに異常な数の病人が集中していることを示す数字が豊富にあっても、なおフランス政府はその原因を知ったうえで、この毒物を国内にはびこらせている。これほどの脅威をなぜ見過ごすことができるのだろうか。現在の政府は、「エリカ事件」(訳注42)で環境への懸念をあれほど表わしたにもかかわらず、牛肉については、好きなだけ食べろというだけで何の処置もしない。政府がもし本当に肉骨粉を人間の身のまわりで保管したいと考えているなら、首相官邸の中庭でやるべきだ。

肉骨粉の輸入解禁を断行?

危険を避けるためには、牛の死体をリサイクルするためでなく、処理するための緊急策を見つけるべきである。ジョゼ・ボーヴェ(訳注43)のような人によって、また彼の唱える選別処分の措置によって、ずっと利益を守られてきた人々にとってはあいにくだが——。

毎年、われわれが産出する大量の牛の死体は、どう処理すればいいのだろう。あるカンボジアの新聞は、感染した牛の群れを集めてプノンペンへ輸送し、国土に埋もれて未爆発のままの対人地雷や砲弾を踏ませていると伝える。インドでは、あるヒンドゥー教の教団が、狂牛病に安らかなシェルターを奉ることを提案している。聖なる牛に余生を送ってもらうためだ!

結局、感染している場合も多い死体をすべて処理する方法は、これまでまったく見つかっていない。肉骨粉の製造にその手段を求めるのは、手っ取り早さと費用の安さゆえ、確かに最も心惹かれる選択ではある。肉骨粉の使用を全面禁止することは、牛の死体を年間で七〇万頭近く処理することを意味するが、われわれはいま、一三万頭分しか処理していない。つまり、処理を五倍以上に増やさなければならないのである。ニワトリや豚といった他の動物の処理までは、とても勘案できない。数字は天文学的となり、コストは法外となるからだ。

もし政府が対策を取らず、またしてもまやかしの措置を考え出したり、管理と検査を経た「一定の肉骨粉」ならば消費に適しているかもしれないなどと、ふたたび世論を煙に巻こうものなら、狂牛病は加速し、いま水面下で進行している惨劇をいっそう拡大させることになる。

さて、肉骨粉が復活する見通しはまったくないと言えるだろうか。すでにおわかりのように、狂牛病の問題で、政府は最初の嘘と隠蔽について何ら責任を取っていない。

肉骨粉の永久禁止について語る場合、二つの問題がある。死体の処理にコストがかかるのはもちろんだが、肉骨粉に代わる飼料にもコストがかかる。動物性タンパク質を撤廃すると、牧畜産業は再投資を行なわなければならない。

中規模農業経営者の利益が途絶えることなく、また借金が継続的に返済されるためには、新しい収支バランスを考え出す必要がある。多くの場合、肉骨粉は、農家が豚やニワトリを意のままに育て、経済的安定を保つにはもって来いだった。ある組合にとっては、衛生的な飼料と安い肉骨粉とのあいだのコストの差は、とりもなおさず事業の存続と破綻を分けるものとなる。

一般には、一九九六年以来、食肉産業は肉骨粉なしで事業を行なわなければならなくなった。

しかし、豚やニワトリや羊の飼育についてはそうではなく、二〇〇〇年までは肉骨粉を合法的に使用できていた。永久禁止をすれば、その影響は経済的・社会的な意味合いで重く受け止められることになろう。体制はこの変化に対して、まったく備えができていないからである。農業分野に受けのいい政府関係者が、この厄介な要素を考慮しないはずはない。フランスの肉骨粉は今後どうなるのだろうか。肉骨粉の使用凍結が宣言される六カ月間で、どんな決定がなされるのだろう。過去をお手本にすれば、この危機を一時的に鎮めた取り繕いや情報非公開は、もうほとんど通用する見込みがない。だが現在、国民は狂牛病の危険について以前より多くの情報を得ている。世論の圧力によって、全面禁止が実現する可能性もある。ベルギーの政府高官によれば、「ヨーロッパ家畜飼料生産者連盟をその代表とするロビー団体は、もっとも強力な団体のひとつである」というが——。

肉骨粉の問題は解決するのだろうか。感染がこれ以上拡がらないためには、肉骨粉の禁止を宣言するだけでいいのか。状況は不幸なことにますます複雑化し、ますます微妙になってきている。

死体処理の問題に対応するうえで、ただひとつ承認できる選択は、まだ効果のほどは定かでないが、依然として焼却である。この工程では、プリオンをすっかり不活性化するのに十分な温度が得られるだろうか。プリオンは、ごく微量でも新しいホストの中で感染性を復活させられることが知られている。だとしたら、焼却後の灰や焼却炉の入口にある残りの灰はどうすればよいのだろうか。そうした廃棄物は非常に長く危険性をとどめているため、保管の問題はきわめて重要になる。一九九四年、リチャード・レイシーは、感染牛の死体の三〇％がごみ捨て場に終着することを明らかにした。

「しかもプリオンは、並はずれて抵抗力のある物質だ。数年間は感染性を持続させる」

もし死体焼却の際、プリオンを完全に不活性化できなかったら、もし保管中に、たとえ微量といえどもそれが周囲の場所に接触したなら、プリオンをふたたび蔓延させるリスクが生じる。状況はあらゆる点で放射性廃棄物の問題と似通っているが、ひとつだけ違う点がある。われわれは、たとえ原発をやめても電力は生産できるが、食肉の生産はやめることができないのである。そしてもし感染牛の死体の灰を密閉状態で保管すると決定したら、灰が保管容量をすぐに上回ってしまうという新たな問題を生じることになる。

肉骨粉は、言葉のどんな意味においても、われわれの生活を汚染しなくなったわけではない。われわれは取るべき措置の強化を諦めてはいけない。肉骨粉を禁止したなら、今後はもう二度とリサイクルされない感染牛の死体の周辺環境を守るため、必要となるすべての処置を行なわなければならない。

フランスでは、肉骨粉市場シェアの八〇％を二つの企業が占めている。ドイツ資本に売却されたエルフの子会社であるサニア社と、フランス石炭公社の傍系の子会社にあたるカイヨー社である。『カナル・アンシェネ』は一九九六年、家畜の解体工場誘致を予定しているギアイ（ドゥー・セーブルの町）の住民代表団がコート・ダルモールのプルーヴァラに招かれ、解体工場を訪問したと報じた。工場長は作業場への立ち入りを拒み、食肉製造工程に関する技術的な質問を避けたという。

フランスの食肉生産者は、食肉の処理でプリオンが完全に除去されていることを保証するというが、当時の『カナル・アンシェネ』によれば、この工程はＥＵがその数カ月後に定めた指針に適合していない。

この問題の解決には、莫大なコストがかかる。総額はおよそ数百億フランと見積もられる。焼却場を建設し、もっと多くの保管施設を設け、その両者の安全性を強化しなければならない。なぜなら、もし死体の残滓が牛の餌箱にまぎれ込み、牧場のにわかづくりの溝の中に落ち着いて、その結果地下水や周辺の土地を汚染する可能性が生じたら、肉骨粉の禁止は環境に何の効果もなくなるからだ。その場合、この措置は、政策決定者たちの無力と人を馬鹿にした姿勢がもとで、狂牛病そのものと同様あるいはそれ以上の危険な決定となった、あのＮＡＩＦの一件をふたたび繰り返すことになる。

11　ウィルス説もある狂牛病

研究者のあいだでは、狂牛病についてふたつの説が提唱されている。まず最も優力といわれている考え方は、プリオン説である。このタンパク質は、わたしたち一人ひとりの体内に自然に存在しているが、まだよくわかっていないメカニズムで本来の形状が変化すると、狂牛病を蔓延させることになる。

二番目はウィルス説だ。狂牛病は非常に稀少なタイプのウィルスが原因で起こるというものである。このウィルスはきわめて単純な性質をもつ。従来のさまざまな不活性化法に対して、プリオンが恐るべき抵抗力を見せる理由もそこにある。この説は有効である。風変わりでいかさまとされるこの説にも、以下に述べる事実のまえでは、耳を傾けないわけに行かなくなる。BSEの専門家であるハラシュ・ナランは、「スローウィルス」の仮説を支持している。ナランはこの説で、高温に対するこの物質の並外れた抵抗力について説明している。

「典型的なウィルスは、なぜ熱によって不活性化できるか。それはウィルスが二重らせん構造(二本の繊維)の核酸をもっており、その形態が自己複製のさまざまなメカニズムを決定するからである。熱は攪乱作用を生じ、核酸を蔽っているタンパク質の織り模様がそれによって変形する。このうちのあるタンパク質は、らせん状のリボンの中心に定着し、繊維どうしの間隔を変化させる。こうしてウィルスは死なないまでも、無力化する。ところが牛における狂牛病や、人間におけるクロイツフェルト・ヤコブ病の原因となるウィルスは、一本の繊維から成っている。そのため、らせん構造は存在せず、タンパク質の繊維どうしが分離したり、接近したりすることはない」

ハラシュ・ナランを信じるとすれば、肉骨粉は考えられている以上に危険ということになる。というのも、ナランによると、羊ではこのウィルスが二株存在するという。ひとつはトランスプラントであり、BSEと同じく平衡感覚に影響を与える。もうひとつはスクレイピーであり、これは動物がしょっちゅう自分の体を掻くようになる。両方とも、羊にあっては致死症である。

ナランは、イギリスの家畜小屋でこのふたつの病気が対等に存在していたという。より重要なのは、それらがある同一の細胞を獲得しようとして、互いに競争していたことである（これはウィルスであることを意味する。ウィルスは自己複製をするために細胞の内部に入りこむからである）。そしてこの一本の繊維をもつウィルスの遺伝子伝達物質によって、ウィルスは多くの生物種に無差別に感染する機能をもつことになる。しかし肉骨粉が出現し、それが生物界で大量に混合される以前は、牛がこの病気（もともとは羊に見られたもの）に感染するリスクはきわめて限られていた。

これら二つの株は、どのようにひとつの細胞を奪い合うのだろう。複雑な化学的メカニズムによってである。簡単に言えば、二つのうち一方が細胞の中に入ると、「自分の侵入した入口をふさいでしまう」ため、他方は外に残るのである。

ところで、ナランによれば、スクレイピーは人間に対しては攻撃性をもたないが、トランスプラントは多くの生物種の中でBSEに似た海綿状脳症を引き起こす。

こうしてナランは、次のような仮説にいたる。攻撃性をもたない株は、攻撃性をもつ株に対して一種の自然障壁となる。体組織の細胞に感染すると、それは細胞に免疫性を与えるからである。

ただし、この「善玉」の株は、ナランによれば、高い温度で熱せられると感染性を急速に失うという特性をもっている。そこで、肉骨粉により一層のリスクがあることがわかる。肉骨粉を熱すると、ナランのいうＢＳＥの原因であるトランブラントを封鎖することのできる株は無力化するが、トランブラントの株は無傷のままである。

この説は、もちろんハラシュ・ナランと彼に同調する科学者たちの見解に過ぎない。ウィルス説が確かかどうかは、近い将来の研究で実証されるだろう。

12 リスクは牛肉だけか

一九九六年、イギリス消費者協会は、「ＢＳＥのリスクを避ける唯一の手段は、牛肉を食べないこと」と発表した。あきらかにそのとおりだ。しかしそれだけで十分だろうか。

前章で、豚や羊やニワトリといったほかの食肉業界に触れた。大部分は二〇〇〇年まで、まったく合法的に肉骨粉を援用していた。

しかし、羊の小脳がもとで、七頭のうち三頭の牛に海綿状の脳損傷ができたことにより、羊から牛へと種の壁が飛び越えられた（原注4）。このことから、他の動物集団の汚染に関する仮説も一方で無視することはできない。

ところが、無視されていたのである。牛の飼育農家が頭を痛めていた頃、豚の飼育農家や飼育場の経営者はといえば、その騒動とはまったく無縁に過ごしていた。そのうえ彼らは、とくに咎められることもなく、このきわめて危険な粉末を使い続けており、自分たちの職業慣習を何ひとつ変えなかった。

この危機管理については、あることが印象的だった。それは多くの点でタイタニック号の危機管理に似ている。タイタニック号の船倉は、気密性の高いコンパートメントに分かれていたが、残念ながらその品質は、まあ悪くないといった程度のものだった。狂牛病の事件もまったく同じだ。当初からいままで、狂牛病はしかじかの動物だけに封じ込めようと試みられてきた。ただひと群れの牛の臓物だけが危険なのだと説明され、そこにはしっかりとした枠組みがあるかに見えた。しかし人々は、明白な事実に遭遇する。船が沈み、舳先がもちあがるのと同様の危機に瀕して、感染動物の種類は増え続ける。ＢＳＥが牛の特別な部位だけに限られているという口実のもと、政府は危険を限定しようとしていたのだが、危険部位はその都度増えて、リストに追加されて行くのである。

「フランスの食糧モデルを侵害するな」

現在、コンパートメントは次々と、次第に急ピッチで満水している。船上では相変わらず、大事にいたらないので大丈夫と乗客に告げている。グラバニ元農相、ジョスパン首相、ギュイヨー現農相で編成される楽団は、薄っぺらい甲板のうえで曲目を演奏している。彼らは音合わせは完璧なのに、ますます音符をはずすようになる。

豚の臓物がリストに加わったのは、ほとんどこの段階だ。なぜそれを禁止するのにこれほど長くかかったのか。これについては、『フィガロ』（二〇〇〇年一月一四日）に掲載された農業相の発言が気になる。

「臓物が禁止されたら、アンドゥイユ（訳注44）とアンドゥイエット（訳注45）の業界は、海外で材料を調達することになるだろう」

何という議論だ。これでも大臣である。それはそうと、大臣自身の言葉によれば、フランスで商品化される生産物に代替品ラベルの添付を義務づけることはできないらしい。

農林大臣が言っているのは、国内で消費される食品に使われる臓物を禁止できる状態にはないということだ。だとしたら、どうやってイギリスの肉や肉骨粉を禁止しようというのだろう。おそらく大臣は、この措置の影響を受ける酪農家を不器用に庇おうとしているのだ。彼自身、詭弁に気づいたと見えて、同じインタビューで前言を繕っている。

「経済的利益の損失を避けようとしているわけではない（避けると誓ったようなものではないか）。ただ、フランスの食糧モデルを侵害したくないだけである」

危険が知られている部位を禁止しないことも含め、非保護的な措置を禁じるための痛ましい議論である。グラバニの考えを要約するとすれば、消費者を見殺しにするのは金のためではなく、国家の威信のため、そして「良質の牛」のためということになる。だとしたら、フランスだけの例外に万歳というよりほかはない！

政府というタイタニック号で言われていたような、水も洩らさぬコンパートメントはこうして浸水する。北大西洋の真ん中で沈んだ豪華客船と同様に、ひとつひとつのコンパートメントは当然つながっていたからである。牛はそのきっかけに過ぎず、政府のアドバイスに従っていれば、消費者が何の危険もなく食べられる肉もあるのだと、政府は人々に思い込ませようとした。このイリュージョンのせいで、人間のあいだにも狂牛病が蔓延することとなったのである。

勝手な判断で別々に分類されているその他のさまざまな牧畜のカテゴリーでも、牛の場合とおなじ政策が採られているように思われる。牛以外にもリスクがあり得るという根拠は何もないとでもいうように。

肉骨粉が永久禁止になったら、ニワトリの飼育家や豚の飼育家は事業を一新しなければならないだろうと先に述べたが、それでもまだ足りない。というのは、最新の統計を見ると、彼らも牛の飼育農家と同じ運命をたどっているからだ。

ブルターニュの養豚農家はつい最近豚肉の価格が下がったために、経済的に困窮したことが知られている。この業界は、牛肉の業界以上に政府の補助金でまかなわれている。価格がさらに下がったりしたら、政府支出はさらに増え、その結果、きわめて大きな社会的影響をもたらすことはいうまでもない。

政府の人々が狂牛病危機のあいだに下してきた無責任な決定について考えていると、ひとつの重要な問いが生じる。フランス国民が生存し続ける上で、現在の状況に対応する少数農民の経済的・社会的な問題は、大部分を放っておかなければならないのだろうか。これは従来知られていたような食物感染とはわけが違うことを思い出して欲しい。マスコミがやるような、サルモネラもリステリアも狂牛病もひとまとめに扱う対応（これはいまも意識的に行なわれている）は、危険なのである。

サルモネラとリステリアは治療が困難ではなく、死亡する患者は免疫不全か、高齢すぎて感染を防げないだけである。もちろんこれらも大きな問題であり、より衛生的な管理を行なったり、感染の危険のある食物を食物連鎖に入り込ませた違反者に対して重い刑罰を科すなどして、撲滅のためのあらゆる手段を打つべきではある。

しかし、どちらの病気もプリオンの脅威には匹敵し得ない。この感染物質は、人間がいままで直面した中で、死をもたらす可能性が最も高い。プリオンは、損傷した組織の中にあまりにもわずかしか存在していないため、検出はほとんど不可能なほど難しく、手の施しようもなく肉体の組織を滅ぼしてしまう。

これを理解するには、末期の癌やＡＩＤＳの症状にも劣らぬ苦しみの中で死んでいくクロイツフェルト・ヤコブ病を観察すれば十分である。というのも、クロイツフェルト・ヤコブ病は、「神経変性疾患」などと遠まわしに分類されているものの、おとなしい病気ではまったくないからである。この病気は恐ろしい。そして心神喪失に苦しんだり、チューブで栄養を摂取したり、動くことはおろか、体の筋肉さえコントロールできなくなる光景は、まったく見るに耐えないものなのである。

風評被害を防ぐために現実を隠す

パニックを引き起こす可能性のある情報は、ささいなものでもさらに一度もみ消す選択が採られた。今度は牛肉に関する情報だけではない。ニワトリの場合もである。

養鶏は二つのカテゴリーに分けられる。養鶏施設による飼育（集中飼育）と、伝統的な飼育である。

養鶏施設による飼育は、成鳥を鶏舎に入れて育てるものである。ここでは一・五キロから二キロ強までの出荷体重に達することができるよう、ニワトリは栄養価の高い飼料を与えられ、ごく短い期間飼育される。平均すると、飼育日数は四十五日である。「腕のいい」養鶏農家になると四十日、さらには三十五日ということもあるが、その他の農家は採算の「上限枠」の五十日目まで飼っていることも多い。もうお気づきのように、目標はなるべく短い期間で、なるべく少ない飼料を使って肥育することである。そこで肉骨粉が活用されることになる。

養鶏業者が雛の「区画」と呼ぶ場所では、初日から支出をなるべく抑えながら、手早く育てなければならない。四十一日を過ぎると、一時間ごとが売上げの機会損失を意味するようになる。牛の場合と違って、飼育業者が牧場まで連れて行く必要はないし、殺すときは数時間飼料を与えなければいい。だから、もしニワトリたちが期待された体重に達しなかったり、何らかの理由で養鶏業者が売却を遅らせてしまったら、それらの原価を抑えるため、給餌器の中に驚くばかりの割合で肉骨粉が入れられることになる。

肉骨粉は、高タンパク質（肥育のため）であるとともに、適正な原価を見込めるので一石二鳥である。ほとんどすべての集中飼育養鶏場において、肉骨粉は欠かせないものとなっている。

鶏肉の危険

そこで鶏肉も危険だろうか。危険である。というのは、もしフランス政府が汚染に対する安全性を最重視するとしたら、肉骨粉をがつがつと食わされた動物の肉は消費に適さないからである。

状況を注意深く検討した方がいい。実際、プリオンはかなりのスロースターターだ。ハラシュ・ナランに言わせると、「養鶏施設のニワトリの生存期間は短く、感染が進むには不十分である。四十五日齢を経過した鶏肉でも、危険はまったくない」。

しかし、農場のニワトリの場合、それよりは危険が増す。なぜかというと、養鶏施設のニワトリの二倍も長く生きることがあるからだ。その日数は、ニワトリが雛のあいだに感染した場合、病気が十分に進行する日数なのである。もちろん、哺乳類と家禽のあいだの種の壁はとても厚く、プリオンの発達は遅くなるので、進行はかなり難しいと思える。しかし、ニワトリの糞によって牛が感染したイギリスの牧場の例があることを思い出そう。(訳注46)

どうしてその例を除外することができるだろう。たとえ哺乳類と家禽のあいだの種の壁が厚くても、すでに一線は越えられているかもしれない。実際、ニワトリの排泄物による牛の群れへの感染は、プリオンが鳥類の内部に存在していたことを実証している。

したがって、この種の動物にまったく危険がないとするのは、根拠のないことなのである。

他の動物種にも伝染するＢＳＥ

養鶏業には、こうして見ると牛の飼育にまつわるさまざまな感染方法があることがわかる。たとえ牛たちが肉骨粉を直接食べていなくても、飼料の製造段階や、使用済みの飼料による混合汚染によって感染する可能性はある。

では、どうすればニワトリに海綿状脳症の兆候を見つけ出せるのだろう。飼育農家は毎朝、ニワトリの死体を拾う。ニワトリのペストともいえるニューカッスル病(訳注47)のような伝染病が、明らかにニワトリたちを襲いつつあるかどうか、その痕跡を見るためである。しかし牛の飼育農家が牛の世話で目のあたりにするような病気は見られない。

ＢＳＥ汚染が他の動物種に拡がる可能性は、牛肉の危険と同様に隠されている秘密である。しかし、いくつかはイギリスで漏洩している。以下は一九九七年一月二十二日のニュージーランド紙『ドミニオン』の記事を抜粋したものである（イギリス自体の報道機関は、口が固すぎて記事が見つからない）。

「ＢＳＥが二年六カ月齢(訳注48)のニワトリに伝染した場合、牛に伝染した場合とよく似た兆候を示す。それはケントとサリーの州境で見つかった。付近の家禽から、六件のＢＳＥ症例が検出された。

それらのニワトリは、連続的な痙攣、平衡感覚の麻痺といった症状を示したあとで殺された」

ハラシュ・ナランは、ウェールズ州で第二のBSE感染ニワトリを見つけた。そこで彼は、一連の実験をしてみようと思った。しかし、農水食糧省の獣医学者（ケヴィン・タイラー）が、「欧州連合加盟国で、大衆が養鶏業に対して寄せる信頼への著しい影響」をもたらすとして管制を敷いたのである。

因果関係はどこにあるか――。農水食糧省の理屈は、その行動の根拠となっている論理の飛躍を示すものである。つまり、危険があるにもかかわらず、消費者の信頼を損なうことはしないというものだ。

いうまでもなく、ナランは政府にニワトリの返還を命じられたが、彼は狂牛病危機のあいだ、ずっと政府から押しつけられてきた惨めな経験を思い、これを拒否した。

家禽の問題については、リスクは不明で不確実だ。最も感染が進行した家禽では、実際の危険を示すまえに死んでしまうからである。ただしそれ以外の家禽は、病原物質が目立った発達を遂げるだけの期間、生存している。

13 羊——狂牛病の原点——

羊に関しては反論を寄せ付けないほどの断定をしてきたので、いまさら疑念を差し挟むのはよほど素朴な人だろう。だが一九九六年三月二十七日の『ラ・クロワ』で、国立獣医学栄養学研究センターのマルク・サーベイ所長は、「約二〇もの疫学調査ではっきりしていることがある」という。羊がクロイツフェルト・ヤコブ病を引き起こしたのではないというのだ。

BSEが多かれ少なかれ羊スクレイピーに由来することを多くの科学者が認めている現状にあって、これはかなり意表をつく提言である。人間に伝染するかも知れない病気の発生原因となる物質が直接吸収されているのに、なぜ無害と考えることができるのだろう。

さだめしマルク・サーベイの情報は、神経科医でありノーベル医学賞受賞者であるスタンリー・プルシナーでさえ聞き覚えのないものに違いない。プリオン病研究で世界的に権威ある研究所の所長であるプルシナーは、もう羊は食べないと公式に発表したことがある。二〇〇〇年七月の『サンデー・タイムズ』は、プルシナーの発見について次のように述べている。

「プルシナーの研究では、BSEの感染物質が羊の体内にあるものの、現在までの段階では検出不可能であると結論されていた。プルシナーはカリフォルニア大学の神経学教授である。教授はプリオンの発見でノーベル賞を受賞した。プルシナー教授の研究室は、この分野の研究では世界的な牽引力のひとつだ。

先週、プルシナー教授は、『私たちの最新の研究結果で、BSEがイギリスのすべての種類の羊に見られることがわかった』と発表した。

マイク・スコット教授との共同研究により、プルシナー教授はトランブラントに感染した羊の組織を使って伝染させることにより、ハツカネズミの体内にBSEを発症させることに成功した模様である。研究の結果から、羊に由来するすべてのものを食べないと公言したプルシナー教授は、次のように語る。『われわれの研究によると、羊は数種のプリオンを生み出す。ひとつはスクレイピーを発症させるのだが、われわれはBSEの系統を生じさせるもうひとつのプリオンがあると考えている』。

カリフォルニア大学で薬学を研究しているフレッド・コーエン教授は、羊の死体をリサイクルする手順が変わったために、この家禽がBSEに感染した確率が高いと見る。手順の変化とは、加熱温度が低くなり、あまりよく分解されなくなったことである。コーエン教授は、こうした手順ではスクレイピーの原因となるプリオンは死んでも、より抵抗力の強いBSEの原因となるプリオンは死なないと考えている」

結局、羊は現在の狂牛病の原因となっている可能性がある。つまり、汚染された肉骨粉という間接的な方法で牛を感染させたあと、それが本来の「バージョン」の狂牛病を進行させることにより、羊がBSEを引き起こした可能性があるのだ。ある動物種に侵入したプリオンが、どのようにして二番目の動物種のタンパク質を変性させることができるのかを実証したヒルの実験(訳注49)を思い出そう。また、牛と羊のあいだにある動物種の壁はごく薄い。牛とニワトリのあいだの壁に比べれば、まったく取るに足りないものなのだ。

一九九七年、欧州委員会は、羊の脊柱に関するおなじみの禁止措置を提言した。欧州連合の欧州立法委員会は、一九九七年八月七日に次のように発表した。

「ＢＳＥに関するすべての問題はデリケートだが、決定された措置を適用し、公正に扱うことが重要である」

実際、これらの措置は公正に適用された。しかし不十分だった。というのもＡＰ通信によると、当時ある国際的な専門家グループが「羊はＢＳＥに感染する可能性があるが、その状態は通常のスクレイピーと見分けのつかない病気に隠れている」ことをつきとめたからだ。

一九九七年、人間の消費用の羊肉に疑惑が生じた。もし脊柱レベルでの危険を認めるとすれば、羊に習慣的に生じる海綿状脳症（つまりスクレイピー）が肉に集中するという事実も検討されるべきだった。しかしいままでのところ、羊の肉は自由に流通している。(訳注50)

われわれの食べるものを事実上決定している政府の人々は、心配事の次元を飛び越した二つの仮説に直面している。

まず、ＢＳＥのリスクは、何世紀もまえから知られている病気によって生じたもので、われわれはその病気が肉に見られることをすでに知っている。

次に、ＢＳＥは新しい感染症で、スクレイピーと同じタイプの海綿状脳症である。この場合、スクレイピーはＢＳＥの先祖のような役割をしていると考えられる。つまり、プリオンは羊肉の中にも高密度で蓄積している。

ただし、どちらの仮説も、食物に関して責任のある選択へと現在のわれわれに指針を与える結論的な実験にもとづいてはいない。政府は、実証実験もせずに、ただ肯定的な発言を並べるばかりだ。

羊肉と子羊の肉は売られ続けているが、それらは人間のクロイツフェルト・ヤコブ病を引き起こすBSEの病原体に匹敵するもの（あるいは病原体そのもの）を媒介する可能性がある。

豚・ネコなどの動物種

豚は現在、まるで残飯箱のように何を食べさせてもよいものと考えられている。これはある意味で当たっている。しかしこういう断定は、すこし表現を和らげた方がいい。いくら与えられたものは何でも消化する豚でも、他の動物たちが太刀打ちできないプリオンに対してまで抵抗力はない。よもやそんなことがあったとしても、それを食べた豚が媒介動物となり、他の動物種にプリオンを運ぶことがないと証明するものは何もない（ここでもヒルの実験を参照）。

たとえばBSEに感染した豚が、たとえ生存期間にBSEを発症しなかったとしても、その肉で人間を汚染するということは十分にあり得る。

一九九七年、米国国立衛生研究所のポール・ブラウンは、豚とニワトリにプリオンが蓄積される可能性があること、そして豚はＢＳＥへの感受性がとくに高いことを発表した。

このようにニワトリ、羊、豚の事例から、現在の酪農にとり、リスクは牛だけにとどまらないことがわかる。牛の死体はニワトリの餌になり、ニワトリの死体は豚の餌になり、豚の死体はふたたび牛の餌になる。肉骨粉の危険がすでに知られているにもかかわらずである。

プリオンのような不屈の病理を他の食物連鎖から隔離しておくことは、おそらくほとんど期待できない。この新しい病原物質に関しては、種の壁がいかに脆いかが明らかになった。プリオンは古くからある病気と同様、ある種から別の種へと容易に移動することができるのである。

ネコでさえＢＳＥに感染する。イギリスでは二四件の症例が確認されている。そしてネコ科の動物は、動物学的分類上、牛との違いが羊以上に大きい。

クロイツフェルト・ヤコブ病に罹った患者の誰が、十五年前に牛ではなく羊によって感染したと断言できるだろうか。この患者を死に導いた肉が何であったかを見い出すことは不可能だ。狂牛病というたったひとつの病名に、ありとあらゆる仮説が隠されている。

14　牛乳と母乳の感染性

多くの消費者にとって、牛乳は衛生面を保証された食品である。牛乳を生産するのは、人工授精で生まれ、肉骨粉を大量に与えられ、継続的に肥育された牛だ。牛乳を攻撃することは、食品安全への信頼という堅牢な城砦に矢を放つことを意味する。

もちろん、牛乳への信頼を失わせるようなことは、何も起こっていない。環境オンラインの「SOS狂牛病」に電話をして、テープを回しながら牛乳の何が危険かと訊いてみた。政府機関にオフィスを構える「頭脳明晰」な専門家の回答はこうだった。

「牛の多くの部位について、たくさんの検査が行なわれてきましたが、牛乳にはわずかなプリオンも検出されていません（牛乳が『部位』？　おもしろい人である）」

この回答の意味を確認し、公平に判断するためには、一月二十二日、同じ回答者とのあいだで肉について行なった会話をここに引用しなければならない。

Q「牛肉は危険ですか？」

A「いいえ、特定の部位を食べなければね。どんな料理に使われてるか、私は詳しくありませんが。いずれにしても、危険はありませんよ。危険のあるすべての素材は、食物連鎖から排除されていますから」

Q「肉骨粉に接触するのは危険ですか？」

A「実際に鼻を近づけて嗅いでみるといい」

ということであるから、牛乳の信頼性を評価することはできるのだろう。この気休めの回答は、公式の文書と一致した内容であり、大衆の潜在意識とも強く結びついているだけに、なおさら通りがいい。しかし幾世代もまえから、すべての年代にとって飲むべきものとされてきたこの牛乳が、死をもたらす毒物に変わってしまう可能性はあるのだろうか。

フランス人は毎年、牛乳を四三億七五〇〇万トン、またヨーグルトやチーズなどの乳製品を約四五億トン消費する。牛乳は牛の乳房から搾り出されたあと、厳正に定められた基準にしたがって処理され、製品化への重要な管理プロセスをたどる。しかし、プリオンの問題に直面した場合、殺菌工程は十分なのだろうか。

答えは否である。九〇年代の初めまで、フランス政府は狂牛病を純粋にイギリスの病気として片づけることに躍起だった。またその後は慎重に、わずかな部分にリスクが限定されていた。数百万人の人口が感染物質と接触したあと、ようやく牛乳の危険は知られるところとなるだろう。

従来の殺菌工程では、プリオンの脅威を取り除くことはできない。「低温殺菌」（七二℃で十五秒）、「殺菌」（一一五℃で二十秒）、「超高温長時間（UHT）殺菌」（一五〇℃で二秒）による牛乳は、「フランス国産牛肉」の場合と同じく、一種の見せかけに過ぎず、海綿状脳症の問題のまえでは何の価値ももたない。

プリオンの抵抗力に関して、ポール・ブラウンは次のように言っている。

「六〇〇℃で十五分殺菌したあとでも、プリオンは一定の感染性をとどめている」

UHT殺菌法の手順は、約二十年前から始まったが、確かに当時はBSEの存在さえ知られていなかった。

それでも何ひとつ対策が取られなかったのはなぜだろう。栄養学的に見た品質を大きく変えることなく、牛乳を加熱するには、そもそもどうすればいいのか。殺菌の手順を変えてしまうのは、これまた表面に表われないリスクがともなう。

ブルターニュにおける肉骨粉保存のケースと同様、政府の思惑がここにも見え隠れする。とにかく騒ぎを大きくしたくないのだ。肉骨粉は、危険がある程度認められていながら、住民のすぐそばの倉庫に保管された。牛乳の場合、身体に良いことがいまなお喧伝されていながら、それとまったく逆のものになるのだろうか。

だとしたら、リスクは現実にあると報告書の科学データが認めているのに、われわれは子供や孫たちにまで狂牛病を伝染させ続けることになる。

一九九六年にデイヴィッド・J・ド・ローズ博士が『ウェルネス・ワイズ・ジャーナル』に発表した記事を引用しよう。

「危険はさまざまな組織に内在するが、動物について行なった調査では、肉そのものがプリオン病を感染させ得るということがわかっている。それだけでなく、牛乳もプリオン病を運ぶという可能性をまったく否定することはできない。

このことで誰もが思い出すのは、母親が子供にＡＩＤＳウィルスを母乳で感染させる可能性はないという最近までの仮説だろう。しかし、現在ではその可能性もあるらしい。

あるイギリスのプリオン専門家は、人間における母乳を通じたプリオン感染の例が、少なくとも一件はあると言っている。

それはクロイツフェルト・ヤコブ病で死を迎えつつあったイギリス女性で、体内の母乳にプリオンの存在が証明された（母乳は出産後の数日間で分泌される）」

フランスおよびヨーロッパで、このテーマに関する情報を入手することはきわめて難しい。母乳の感染性は、非常に固く封じられた秘密情報になっている。


「警告に値しないリスク」

そこで政府は、一九九六年以来、この明らかなリスクについての調査を行なってきた。ド・ローズの説明によれば、母乳の危険は汚染された脳を食べた場合の危険よりも明らかに低い。しかし、それだから事実を隠してもよいということにはならない。われわれは想像もつかない状況にある。たとえば政府がＡＩＤＳについて、「アナルセックスをするときはコンドームを使ってください。膣への挿入ならその必要はありません。感染リスクはその方が低いですから」

などと言おうものなら、一体どんなことになるだろう。狂牛病で現在起こっているのは、まさにこれと同じことなのだ。どんな警告の根拠にもならない、ささいなリスクと考えられている。

ＡＩＤＳの拡大規模を小さく見せたところで、誰の得にもならない。製薬会社の研究所は、ＡＩＤＳが蔓延すれば治療対策の機会が見い出せる。まぎれもなく、これは収益につながる。しかし狂牛病とクロイツフェルト・ヤコブ病の場合、事実を伝えても得する者は誰もいない。対処法がないからだ。しかも取るべき処置は、コンドームの使用を一般化するよりもはるかに費用がかかる。現在の経済バランスをひっくり返してしまううえに、農産物加工業は完膚なきまで呵責に打ちのめされることとなる。その一部をなすのが牛乳だ。

イギリスでは現在、牛（牛乳を含む）に関するあらゆることがタブーである。イギリス農水食糧省の責任者は、国民の情報入手を進展させる可能性のあるすべての実験を意図的に封鎖している。

どこの研究機関にも属さない研究者たちが、感染牛に由来する牛糞のサンプルを要求したとき（ＢＳＥ関係の研究を行なう権利は政府にしかない）、送られてきた回答は「収集が難しすぎる」だったという。数メートル四方の囲いに牛たちを閉じ込めている家畜小屋で、牛糞を集めるのが難しすぎる？　専門家と称する調査チームは、予算も十分使うことができるのに、一体何が難しいというのか。無意味な報告書をあり余るほど発表しておきながら、イギリス政府の役人はバケツ一杯の牛糞を集めることもできないというのだろうか。

　牛乳にいたっては、いっそうひどい。

「牛乳のリスクは存在しない。実験でも何ひとつ裏づけられていない。この素晴らしい食品の危険度を正確に割り出すことが、フリーの科学者にできるか？　あいにくだが、それは無理だ。BSEは感染症で、政府だけが管理責任をもつのだから」

　と役人は言うだろう。科学者は答える。

「しかし私には、牛乳に何のリスクもないとは思えないんだが――」

　だが結局、科学者はにべもなく追い払われる。

　フランスの場合、事態はこれよりさらにひどい。いくつかの例外を除けば、科学者と政府のあいだに事実上の齟齬はない。科学者たちの従順さは永久的だ。リスクが彼らの口の端にのぼることはあっても、政府による公開はなされないのである。


　ハラシュ・ナランは、牛肉を衛生的な部分と汚染された部分とに分けるという考え方のどこがナンセンスかということを説いてきた。ナランは言う。

「感染物質が唾液腺や涙腺に存在するなら、それは乳腺にも存在します。乳は液体なので危険度はより少なく、体内の組織をより早く通過する。しかし、危険は存在するのです。

　消化管の内部で、ある液体の痕跡をたどる実験をしたことがあります。チンパンジーの胃袋に管を差し込み、汚染物質（スクレイピーに罹った羊の脳）をチンパンジーに与える。物質が固体の場合、プリオンは消化管全体で吸収されます。牛乳の場合、もっと速く取り込まれるので、この吸収面はもっと少ない。

このとき消化管では、胃までほとんど直接達したあとの液体の痕跡を追うことができました。チンパンジーは、『はっきりしない』原因で死んでしまった。液体を吸収しても生きているチンパンジーはいたけれど、発症したチンパンジーもいました。牛乳は臓物よりも感染性が低く、また液状なので、危険度はより低く、つねに感染するとは限りません」

ちなみに、この実験では重要なデータが明らかになった。チンパンジーは、人間に最も近い生物学的類似性をもつ動物であるが、スクレイピーによって汚染された物質を消化すると、BSEタイプの海綿状脳症を発症するのだ。これでも牛乳は危険がないと、誰が言いきれるだろうか。

欧州連合農業委員長のフランツ・フィッチュラーが言った次のようなことを、誰が断定できるだろう。

「牛乳は安全であり、BSEが牛乳や乳製品を通じて感染するという証拠は何もない」

政策決定者たちは、「より低いリスク」を「ゼロのリスク」とすり変えてしまった。牛乳はBSEに関するあらゆる議論から、奇術によって隠されてしまったままだ。牛乳の危険に関する報告は、ことごとく封印されている。

乳牛がＢＳＥの最初の犠牲者だったことを思い出そう。乳牛は肉骨粉に再三さらされてきた。だから家畜の中で、乳牛は狂牛病に最も多く感染している部類に属する。

牛乳によるリスクの性質はさまざまである。肉または臓物の場合、感染牛のものであれば、たった一度食べただけでも感染する。牛乳の場合、発病するには反復的かつ習慣的に吸収することが前提になる。多くのフランス人のあいだで感染は拡大し、ますます多くの汚染牛肉が食物連鎖のなかに浸透している。牛乳と母乳によるリスクは、いま明らかに現実のものなのだ。

15 アメリカの狂牛病

海綿状脳症について調べていくと、感染リスクが際限なく入り乱れ、病気を媒介する可能性のある動物が増えて行くのに驚かされる。すでに述べたように、肉骨粉はベルトコンベアーの表面や、トラックの荷台の底に落ちているだけでも、「無害な」飼料を汚染する。屠場に感染牛がたった一頭まぎれているだけでも、群れのすべてに感染の危険がある。では、土地が汚染されている場合はどうなるのだろう。その場合、感染牛の群れをいくら屠畜し、伝染予防をしたところで何の意味もない。

アメリカの状況にも、ついでに注意を払っておく必要がある。食品はもちろん、医薬品など、アメリカから輸入している製品にはさまざまなリスクが潜んでいる。たとえば医薬品の糖衣には、牛のゼラチンが含まれていることが多い。

アメリカの海綿状脳症を調べていて、頭を抱えた問題が二つある。第一は、明確にわかっている事態を合衆国政府が隠していることだ。これはヨーロッパ諸国の指導者たちと同じである。第二はこれと逆に、情報の氾濫ぶりだ。インターネットが非常に発達したおかげで、情報や個人の証言はふんだんに得られるようになった。しかしそうした情報のうち、根拠が明らかなものはわずかで、たいていの場合、真偽のほどは定かでない。慎重に対処する必要が出てくる。

例えば新聞を調べたり、インターネットで検索をしたりしていると、幾度となく見つかる記事がある。ペンシルバニア州東部で、汚染された乳製品が消費されたことから、クロイツフェルト・ヤコブ病が局地的に発生したという一件だ。

またテキサス州では、クロイツフェルト・ヤコブ病患者が数十人出ており、犠牲者の家族が自分たちで事件の原因を究明しようと、ホームページを立ち上げている。サイトでは、あるタイプの医薬品に使われた糖衣が感染者に服用されていたというところまで原因をさかのぼっていたが、その先には進んでいなかった。この件に関しては、現場の証拠や書類が不十分なこともあって結論が出せず、製薬会社の責任も問われずじまいだった。

毎年三万頭の牛が死んでいる

アメリカの家畜は、奇妙な病気を抱えている。そしてその症状は、あらゆる病気の中で最もBSEに似ている。

アメリカの科学者でプリオン病の専門家であるマイケル・グレガーが一九九六年に発表した論文には、そのことがはっきりと述べられている。

「ウィスコンシン大学の獣医リチャード・マーシュは、アメリカに特有のBSE株があって、それが狂牛病でなくダウナー牛(訳注51)を発生させているのではないか、という仮説を立てている。このダウナー牛というのは衰弱死する牛のことで、欧州の狂牛病とは違った症状を表わす。

アメリカでは毎年三万頭の牛がまったく原因もつかめないまま、この症状で死んでいるため、マーシュの仮説は大きな反響を呼ぶかもしれない。

主要な実験は次のようなものだ。マーシュは感染して痙攣を起こした羊の脳をアメリカ国内産の牛に投与した。イギリスではこの場合、牛は『狂牛病』の症状を示す。しかしこの実験では、牛はだんだんと反応を示さなくなって死んでしまった。この症状は、アメリカで毎年三万頭が死んでいるダウナー牛の症状と同じである。アメリカ特有のBSEが、すでに全国に蔓延している可能性は高いということになる」

羊については、現在二〇株ほどの異なったスクレイピー・プリオンがあることが知られている。牛の場合には事情が異なるといえるだろうか。アメリカで症状の違う新変異型BSEの一つが発達し、国内の家畜に伝染したと考えるのが妥当だ。

アメリカでは、狂牛病が欧州よりも適正に管理されているのだろうか。とんでもない。九〇年代初頭、政府はダウナー牛を完全に無視した調査計画に着手し、イギリスで発生した狂牛病の症状のみについての研究を進めた。BSE感染物質には明らかに二種のプリオン株があるにもかかわらずである。

米国農務省の諮問委員会は一九九二年、BSEがすでに国内の家畜にも見られるかどうかを調査計画の対象に含めるのは「現時点ではふさわしくない」としている。

しかしこの件に関する諮問委員会がどういったメンバーで構成されているかを調べてみると、全国牛乳生産者連盟の代表一名、全国回収業者協会（肉骨粉製造業者）の代表一名、米国牧羊協会の代表一名、全国肉牛生産者協会の代表一名といった具合である。

それから数年経って、事情が明らかになると、窮地に追いやられた農務省は、次第にダウナー牛の管理措置を取るようになる。グレガーによれば、米国農務省の事情通は先頃、次のように言ったという。

「アメリカでBSEの原因物質が増大する危険度は、イギリスよりも高い」

アメリカでは、ヨーロッパよりも急速に狂牛病が蔓延する恐れがある。市場の障壁が存在しないからだ。イギリスで狂牛病が拡大したときには、イギリス産牛肉の禁輸措置だけが、政策決定者たちによる唯一の有効な措置だった。

しかしアメリカでは、テキサス州で感染牛が発生したとき、ニューイングランド州やカリフォルニア州に牛を販売することを禁止する権限が政府にはない。

フランスと同様の隠蔽工作は、米国の農務省や畜産業界、そして連邦政府でも行なわれている。とくにブッシュ新大統領が選出されてからは、テキサスの大手畜産業者たちが、フランス農業団体の比ではないほど幅を利かせている。

グローバル化で狂牛病が増大

いま世界は、良かれ悪しかれ地球のすみずみにいたるまで、国と国とが自由貿易で結ばれた形になっている。したがって、欧州で感染症が一つ発生すれば、欧州以外の国にも感染リスクが生じることは明らかだ。欧州連合加盟国に牛を輸出したり、逆にそこから輸入している国は、プリオンをヨーロッパ以外の大陸に蔓延させるからである。フランスには南米の牛が輸入されているが、南米市場と北米市場の相互乗り入れはまったく不変である。アメリカとて、海綿状脳症の病理から逃れられるわけではない。それは心しておきたい。グローバル化は、プリオン病を深刻で手に追えない形で蔓延させていくのである。

アメリカで発生した可能性のあるこのプリオン株については、まとまった科学的情報やデータが不足している。必要とされている実験は行なわれていないし、このテーマ自体、小賢しく用心深い手段によって曖昧にされている。アメリカ広しとはいえ、家畜の問題を抱えるのは、生産の集中するいくつかの州に限られている。いまのところ、人間の発症例もきわめて少ない。政府にとって、これほど都合のいいことはないのだ。

時としてこの危険は、「偶発的」あるいは「事故による」ケースとして片づけられている。

一九九六年四月十四日、『ウェルネス・ワイズ・ジャーナル』は、この問題について次のように詳述している。

「ウィスコンシン州で飼育されていたミンクが海綿状脳症を発症した。この病気の原因は、『ダウナー牛』として地元で回収された牛をミンクの飼育業者が飼料に混ぜて使っていたことによる。『ダウナー牛』とは、発病すると起きあがれなくなり、牧場で死ぬ。人が食用に利用するには適さないが、家畜用飼料としては他の材料と一緒に調合される。この場合、ダウナー牛の骨がミンクの飼育場へ送られていたことになる」

「ダウナー牛」の感染性に関する実験も、「偶発的」な手法で行なわれたかどうかはともかく、その実験結果は、アメリカ固有のＢＳＥプリオン株があるかどうかを推定するうえで、非常に重要なものである。

ミンクは、プリオンに関する欧州の実験で頻繁に利用されている。脳症に対して敏感な反応を示すからだ。アメリカのこの不可解な感染物質に汚染された肉骨粉をミンクが消化すると、それだけでプリオン病となる。ヨーロッパのプリオンとまったく同じである。

この病気がどれくらいの規模にわたって伝播しているのかを確定するのは難しい。毎年、三万頭の家畜は病気の末期症状を示す。これはアメリカの感染牛がヨーロッパよりも大多数を占めるということである。アメリカでは、家畜に臨床症状が現われたり、畜産業者が病気を検出したりする前に屠畜される場合が多いからだ。

ただし欧州と比べると、アメリカにおけるＢＳＥ感染の規模を正確につかむことは難しく、不確定要因を避けられない。アメリカのプリオンは欧州と違って、「自由奔放」なのである。農場の家畜だけでなく、ロッキー山脈の森林に生息する鹿のあいだにも見られる。

シカの感染

酷いことに、有害タンパク質プリオンは、野生動物たちの世界にまで侵入している。アメリカでは、数十年前から狩猟の産業化が進んでいる。飼育されたダマジカ（訳注52）やアカシカ（訳注53）が獲物となり、ハンターたちに法外な料金で提供されている。こうした動物のうち、銃撃を免れたものは、広大なアメリカの森林に住みつく。そして子孫を増やし、この地区に自然繁殖している鹿の群れと接することで感染物質を移し、生態系の中に拡げていく。

こうした動物たちは、他の家畜たちに比べ、あまりよく給餌されていない。狩猟動物を飼育する農場では、家畜用よりも安全性のさらに劣る肉骨粉を与えている。彼らのそもそもの考え方はこうである。この動物たちは屠場に落ち着く（つまりは消費者の食卓にのぼる）わけではなく、下草をきれいに刈り取った森の狩猟区画で、二〇人ばかりのハンターに撃たれるだけだ。体内に残っているのはほとんど銃弾ばかりで、誰も肉など食べる気にならないというのである。

たとえ森で生き延びたとしても、野生動物は、また違ったタイプのハンターと出くわすことになる。森の中で何日か野生動物を追いまわし、狩猟のあいだに獲った動物はすべて食するといったタイプのハンターたちだ。森に生息する野生動物とは違って、「産業用」の野生動物は身を守る本能に欠けているため、ハンターの獲物になることが多い。そして最後は、ハンターたちの食糧になる。だが家畜と同様、この野生動物たちもプリオン病に感染しているし、明らかに初期症状を示している。

この問題は、アメリカではあまりに深刻すぎて、告発する者が誰もいない。この病気はCWD(原注5)として知られているが、政府はすべてをできる限り小さな事柄にとどめようとしている。このタイプの感染物質に直面して欧州各国の政府が取った態度については触れたが、アメリカでは事情が違うなどと思うのは愚の骨頂だ。

いくらこの問題にフタをしたところで、人間の健康にとってはかなりの危険がある。二〇〇〇年一月に書かれた、アメリカの『ジーズ・タイムズ』の記事を引用しておこう。

「ダマジカの肉を食べた若いハンターが少なくとも二人、クロイツフェルト・ヤコブ病に罹ったことが判明した。またメイン州では、狩猟の獲物の肉（ここでもダマジカ）を食べた若い女性一人が、同じ病気になっている。従来は高齢者のあいだによく見られると考えられていたクロイツフェルト・ヤコブ病がこの三人から検出されたため、感染牛を通じて発症した可能性が濃くなっている」

米国国立衛生研究所の海綿状脳症専門家ポール・ブラウンが発表したところによれば、ダマジカのハンターたちは「CWDの汚染区域で獲った獲物を食べたせいで、脳が消失した！」という。しかしこのメッセージは、どうやら国民には伝わらなかったらしい。

『Mad Cow USA』(訳注54)の著者ジョン・ストーバーは、次のように述べる。

「狩猟をすると慢性消耗病に罹るおそれがあるということをハンターたちに警告せず、また何の対策も取らずにいるのは国が間違っている。このテーマで重要な研究を行なっている科学者たちも、国民に対して事実を十分に知らせていない。ハンターたちはまぎれもなく、この種の病気に罹って死の危険にさらさられているのである」

これでもまだ米国政府が黙秘しているのは、なぜなのだろうか。コロラド州の天然資源局は、収入の大部分を狩猟鑑札に頼っているからだ。同局の水道部および森林部は、慢性消耗病は人には感染しないと繰り返し説明している。ところがハンターに対しては、次のようなアドバイスをする。

「狩猟動物の死体を切るときは、ゴム製の手袋を使うこと。また脳、脊柱には出来るだけ触れないようにし、触れた場合はただちに洗浄すること」

これだけではない。

「殺傷した動物の脳、眼球、脊柱、体液、神経節は食用にしないこと」

リスクはないと言うわりに、注意書きの多さには驚くばかりだ。

自由に移動するプリオン

「ダウナー牛」であることが判明した症例数から見ると、アメリカでも欧州とほとんど同じ速度で人間のプリオン病が進んでいるのが分かる。そして人間の場合、潜在期間が数十年にもわたるため、緊急事態であることは誰にもわからないのだ。

アメリカ産のプリオン株も、欧州のプリオンと同じくゆっくりと足場を拡げていった。リスクに対する確証はないが、それは欧州のプリオンと同じくらい危険なのだ。新変異型クロイツフェルト・ヤコブ病はＢＳＥが人間に伝染したものかどうかをめぐって、九〇年代にフランス政府が繰り拡げた滑稽な論争を思い出して欲しい。アメリカで起こっているのは、同じシナリオの繰り返しに過ぎない。政府は、食肉業界からの圧力を受けて時間稼ぎをする。そして食肉業界はといえば、臆面もなく周囲に自分たちの力を誇示しようとする。

テレビ司会者としてアメリカで有名なオプラ・ウィンフリーさんが、番組中、狂牛病問題についてちょっとした不安の色を示したところ、酪農家から何と五つの罪状で訴えられてしまった。その後彼女はかなりの大金を投じ、国で最高の弁護士らを雇って勝訴したが、こうした事件からも、狂牛病の原因に関する討議のかなりの部分が、酪農家に操作されていることがわかる。その狙いは一つしかない。食物流通システムの欠陥を明らかにするような事実はもみ消してしまうことである。その事実が明るみに出ると、国の産業全体が崩壊するからだ。

アメリカの将来はとりわけ暗い。新大統領ジョージ・Ｗ・ブッシュが登場してからは、いっそう暗澹としている。大統領は狂牛病問題について、これまでに何の声明も出していない。それどころか、彼の政治的利権は食肉業界を牛耳るボス、なかでもテキサス州のボスたちとしっかりつながっているのだ。

この病気は、野生の鹿を犠牲にするという惨禍を生じながら、まったく手に負えない形で蔓延していく。アメリカ産の家畜の一部を処分するよう決定することはできる。しかしロッキー山脈の動物はどうしたらいいのだろう。動物相(訳注55)を根絶やしにしろとでもいうのか。

収益や票を稼ぐという、その程度の理由から、私たちは従来型のBSEよりも強力な爆弾の導火線に火をつけてしまった。慢性消耗病は、プリオンを囲いから解き放つ。畜舎に閉じ込められたままだったこの有害物質は、次第に全世界へと拡がって行く。

アメリカの微生物学者トム・プリングルは、二〇〇〇年初めにこう記している。

「コロラド州中部に生息するダマジカが慢性消耗病に冒されている率は、個体群のおよそ一五%になる。(中略)海綿状脳症と組み合わさったすべての病気は、地球生態系の生物多様性にとって脅威である」

16 検査——遅れた措置とその限界——

長いあいだ、BSE騒動は検査をすれば解決するものと思われてきた。確かに、大量の牛（フランス人が消費するすべての牛）の中から感染を広める牛だけをわれわれが食する前に探し出せば、当局側が誠実に対処していることの表われにはなる。しかも検査をすれば、今後何十年にもわたるリスクの正体もつかめるはずだ。

ところで二〇〇〇年十二月、生後三十カ月を超えたすべての牛を屠場へ運ぶ段階で検査するという決定がフランスで下されたが、歓迎してよいものだろうか。

当然のことと言いたいところだが、検査は数年前から可能だったのに、なぜこの処置がこれほど狂牛病の進展した段階で行なわれるのか疑問である。

今日、食肉業界には、エンファー（アイルランド）、プリオニクス（スイス）、CEA（フランス）という三つの検査法(訳注56)がある。この三つは検査手順こそ違え、どれもたいへん似通っており、信頼性の点でもほぼ同じである。それぞれの機能についての科学的な詳細には触れないが、肝心な点ははっきりさせておきたい。これらの検査を行なうには脳の小片を採取しなければならないため、死んだ牛にしか検査ができないのだ。

生きた動物（または人間）に適用できるプリオン病の検査は、いまのところない。

採用されている手順は簡単なものである。屠場で動物の頭部を切り、そこから脳の断片を採集する。前述した三検査のそれぞれの特許企業から承認を受けた試験所（政府もこの承認には検討を加える）があり、この数センチ四方の脳の断片は、その後そこに送られて分析を受ける。

牛肉は出荷される前に、屠場で通常まる一日かけて冷凍される。その段階で行なわれる検査は数時間かかるが、屠畜作業の支障にはならない。検査結果が配送前に出るので、汚染された牛はまとめて出荷をストップさせることができ、費用をかけずにいつもの生産手順が踏めるというわけである。この検査を使えば、屠場ではほとんどいつもと変わりなしに作業が進められる。

検査は確かに信頼できるものである。「感度」にはそれぞれわずかな違いがあるものの、感染が進行している段階の牛を検出きる点では、どの検査もかわらない。

一方で、肉骨粉の禁止後に生まれた動物が死に始めた事件や、「フランス牛」のラベル表示の件でも、これらの検査は、肉の安全レベルをほぼ完璧に保証する万能薬として普及しているかのごとく、消費者には紹介された。しかしそれは真っ赤な嘘である。

たとえ検査結果に誤りがまったくなく、信頼性は完璧といった最も楽観的な見方をするにせよ（確実だといえることが少ない生物学の分野で、それは無理な相談だが）、多くの感染牛がわれわれの食物連鎖に入り込んでくるのだ。

なぜだろうか。これらの検査の性質上、そうなってしまうのである。検査では、プリオンの終着地点である脳が切り取られ、そこにプリオンがあるかどうかが分析される。しかしこれまで説明してきたように、当の感染物質は、実際には神経を伝ってゆっくりと上ってくる。感染物質は、最初の数年間は小脳にはなく、そこに感染物質が拡がるまでには非常に長い時間がかかる。したがって、その期間に現在有効なあらゆる検査を小脳で行なったとしても、感染物質は体内に潜んで検出されないままである。

では、脳に達していない状態の感染物質は、体内では無害で、蓄積度もごく低いのだろうか。残念ながらそれも違う。この「秘かな」潜伏期において、脳の方はまだ冒されていないが、血液への感染度は高いのだ。そして血液は当然、肉へまわる。

狂牛病の進行する最初の年には、検査が行なわれる部位（脳）に感染物質はない。しかしそのあいだに食物連鎖に取り込まれる部分（血液、したがって肉）が重大な危険の要因となる。つまり検査をしたからといって、本当に安心して牛肉を食べられるわけではない。

すると検査は役に立たないのかといえば、もちろんそんなことはない。伝染病を予防するという観点からすれば、確かにこうした検査には何の保証もない（政策責任者は、牛肉の消費に「ゴーサイン」が出たかのように受け止めるだろうが、それは違う）。それでも、三十カ月齢を超える家畜に対して検査を義務づけることにより（もっともそれより若い牛にも危険はあるが）、人々のあいだでは事態の深刻さが広く認識される。

この数カ月間、国民はパニックに陥り、牛肉の消費は文字どおり地に落ちた。政府は今度こそまじめな対策を迫られているのに、相変わらず狡猾な手を打っている。この検査の信頼性はＨＩＶ検診の信頼性に匹敵するもので、危険な牛は「検査」で取り除くことができるなどと、国民に信じ込ませようとしている。これこそ間違っている。

本当の危険は、ＢＳＥに感染し、それをまわりに移し始める一頭の家畜の中にある。その点で、これらの検査は衛生機関に情報を提供する手段となるし、検査によって今後の危険性の大きさを明確にすることができるかもしれない。

ところが、農業ロビー団体はそれをせず、これらの検査を新たな盾にしている。「この牛肉は検査済みです。一連の検査に合格したこの牛は、可能なかぎり最高級の肉であることをお約束します」――。

「可能なかぎり最高級の肉」とは、「良質の肉」のことではない。なのに「消費者の信頼を失う危機」だけが、今日問題になっているかのような言い方ではないか。

家畜が検診を問題なくパスした場合、二つの可能性が考えられる。家畜が健康である場合と、家畜が病気に罹っているが、現行の方法ではプリオンを検出できない場合である。

スイスのマーカス・モーザーは、この検査の性質を衛生的見地からではなく、統計学的見地から正しく示す事例をあげている。モーザーの説明はこうだ。屠場でＢＳＥの症例が発見されても、その場で消毒作業が行なわれることなど皆無である。従業員の反応は次のようなものだ。「食物連鎖の中に入り込む牛が多いことぐらい、誰でもわかってるんだ。何で一頭の感染牛ごときに大騒ぎしなくちゃならないんだ?」

そしてモーザーは言う。「同じような場合に、フランスではどうですか? データはここにありません。それにしてもわからないのは、あなたのお国ではどうしてこうも事情が違ってくるのかということです」。

17 フランス政府の将来不安

フランス政府にとって、そろそろ嘘や策動で切りぬける余地はなくなってきた。不安要素が国民世論を動かし、検査の義務づけが可能になったことは、これまで述べてきた通りである。しかし政府は、次の三つの理由から、こうした措置になかなか踏み切らなかった。

第一の理由は、政府の財政的負担がかさむ点である。現在有効な検査にかかる費用は、国家予算全体から見れば取るに足りない額だ。

しかし屠畜するすべての牛（およそ五七〇万頭）に検査を拡大するとなると、その総額はたちまち膨れあがる。

これまで政府関係者は、畜産業界の有権者たちが今回の危機で経済的痛手を受けぬよう、支援を行なってきた。だがこの問題は、いまになって政府にしっぺ返しを食わせつつある。政府関係者は、この策動の執行役だけでなく、会計役も務めている。この会計役という立場は、執行役ほど愉快な役まわりでないということは誰もが承知だ。

家畜の検査数が増えると、症例数もそれだけ増えることになる。フランスでは家畜の群れにＢＳＥ感染牛が発見されると、その群れ全体に汚染のおそれがあるため全頭処分される。そうした家畜の屠畜や運搬、そして焼却のための費用を支払うのは誰かというと、国家なのである。

これはそもそも、肉骨粉を使用した酪農家の無知ゆえに始まった悲劇である。それなのに国家は、その結果に責任をもつだけでなく、埋め合わせまでしているのだ。

消費者にまわるツケ

検査そのものも、またBSEと登録される症例数も限られているため（もっとも登録数は増加しているが）、現在の検査費用は、国家予算のうち、ほんのわずかである。しかし、こうした費用が公共支出に占める割合は、次第に膨らんで行くだろう。

BSEの症例数が今後膨大な数にのぼれば、現在気前よく行なわれている家畜の全頭処分も、政策決定者にとって耐え難い負担となる。政策決定者にはそれがわかっているため、検査の義務化は今後数カ月間で問題に挙がる可能性がある。イギリスでは、より低コストの処置を行なったにもかかわらず、症例の最も多発した時期には数十億フランかかっている。フランスではどれほどの額に昇るのだろう。実際のところ、費用面でフランス政府が採れる解決策は二つしかない。

すなわち、BSE感染牛を発生させた酪農家に支払われている補償金の余計な部分を削減するという決定を下すか、あるいはジョゼ・ボーヴェら農民教条主義者に組みして、選別処分の方針を採用するかのどちらかである。

しかし前者が実現する見込みはほとんどない。酪農家がロビー活動で圧力をかけるため、そうした措置を採用するのはまず不可能だ。それどころか、酪農家に経済的負担をかけることさえままならない。

一方、病気に罹った牛の群れの中から問題の牛だけを数頭屠畜するという解決策は、実現の見込みがあるのは明らかだが、消費者側のリスクは増える。

他には税を新たに設定し、連帯責任で負担するという方法がある。その可能性については、政府でもすでに検討されている。ただし、現実にどういった形で行なうかについては、まだきちんと討議されていない。

実際、被害を防ぐうえでは、どの策も前向きに検討可能である。酪農家は、屠場に送られる牛たちのまえで涙を流す何の罪もない犠牲者としてのイメージを、末永く定着させることに成功した（牛たちにしてみれば、狂牛病であろうがなかろうが、悲惨な生の一切に終わりを告げただけのことだが）。農民層は妥協を許さない。その一方で政府側は、この少数有権者の満足がますます割高になって行くため、譲歩へと追い込まれて行く。これまではまったくうまく行っていた双方のあいだも、検査件数の増加にともなって、摩擦が高まって行くことになる。

事態の大きさに気づく国民

問題は財政面だけに限らない。第二の重要な問題は、検査の義務化によって発見される疫学上の事実である。検査が実施されると、症例が数多く検出されることになる。十年以上まったく症例の出ない状態が続き、政策決定者が太鼓判を押す頃になって、国民は事態の大きさ、深刻さを知る。

「安全宣言」という緩和策と、「ＢＳＥへの措置」という引き締め策が、一定の間隔を取りながら巧みに繰り返される。そして人々は、さらに何年にもわたっていまのような状態を続けていく。繰り返し言っておきたい。ＢＳＥとクロイツフェルト・ヤコブ病は潜伏期間が長いため、政府機関はいつでも事態を隠蔽する誘惑に駆られてきた。だがこの病気は遠い将来、思いもよらぬ時期になって、ようやく発症するのである。


これほど力を入れて訴えてきたのには理由がある。責任ある態度を示したスイス政府（一九九八年に検査が導入された）。ＢＳＥの症例が発覚したドイツ、イタリア、オーストリア。そしてフランスでのＢＳＥ症例の増加。これらすべての事実に鑑み、政府はもう国民に聞こえのいい発表はできなくなった。長いあいだストップさせていた措置を再開せずには済まされなくなったのである。

こんなありさまでは、政府が検査を採用したからといって、誠実な意志にもとづく行為とはとても見なせない。何より決定が遅すぎる。あまりに遅れすぎている。それだけではない。すでに述べた二つの点（財政上の負担と、事態拡大の露呈）に加え、検査活動の実施が遅れている第三の理由がある。

る。二〇〇〇年二月十五日の『ル・モンド』で、ジャン・グラバニは次のような質問を受けている。

「BSE病原物質によって感染した国産牛の検査プログラム実施は、なぜ遅れているんですか?」

グラバニの答えは、「まったく遅れていない」である。

しかしフランスでは、牛海綿状脳症に罹った牛が数多く発見されていたにもかかわらず、スイスより約二年も検査採用が遅れた。

ここで、プリオニクス検査キットの製造責任者であるマーカス・モーザーとの対談を再び引用したい。

Q「BSEの症例が増えているのに、検査の実施が遅れたのはなぜですか?」

A「検査の義務づけがないうちは、(政府の)誰も病気を検出したくなかっただけです。『病気を見つけなければ、病気があることもわからない』。こういう姿勢が、どこの国でも大勢を占めていました。

長期的ビジョンに立った政治家であれば、こんなふうには考えません。しかし政治家というものは、目先の問題にかまけてしまうのです。

スイスの例を挙げましょう。われわれも農業協同組合のかなり大きな抵抗に遭った。組合はこう抗議しました。『政府は何かが狂ってる！　確かに検査ではＢＳＥが見つかった。しかし欧州の他の国では何も見つかっていないし（モーザーは十年前の状況を述べている）、スイスと同じ問題も抱えていない。われわれはこの差別的処置の犠牲者だ。あのくだらないプリオニクス検査（今日フランスで使用されているもの）で、ＢＳＥ感染牛が見つかった。たったそれだけのことで、スイスの牛が輸出禁止を食らってるんだ！』　スイスでこうした状況が生じたため、他の国でも研究がなかなか進まなかったんです」

Ｑ「フランスでは自国製の検査を生み出す狙いがあり、その完成にすこし時間がかかったため、検診導入が遅れたのでしょうか」

Ａ「おそらくそうした要素もあるでしょう。ＨＩＶの一件でもそうでした。フランスでフランス製の検査が奨励されることは明らかだった。スイス製の検査を採用しようとしたため、議論が拡大してしまったのです」

Ｑ「検査はもっと早く実施できたのでしょうか」

Ａ「検査の実施は、とりわけスムーズにいかない点がありました。私たちの検査に対する評価は、有名科学雑誌にすでに発表されています。研究もスイスの獣医学関係機関と共同で行なっています。検査に関する雑誌の情報は、かなり細部にわたっており、すべての情報を見れば、どの点からも検査精度の高さを証明していました。病変が現われてから感染を検出するエンファー社の検査とは違い、当社の検査では、病変の生じるまえに病気を検出するという点が、とくに評価されていました。

これに対して各国は、『欧州連合がこれらの三検査を調査し、その結果が出るまで待つべきだ』としました。でも調査をしたところで、どの検査がいいのかという決定をより明確に下せるわけではありません。そんな新情報や新事実など出て来ないことぐらい、われわれは当初からわかっていました。

当社の検査をきわめて高く評価していたのは、『アクタ・ヌーロパトロジカ』という科学雑誌の発表でした。それだけに、われわれはイラつかされていたのです。プリオニクス検査はうまく行き、精度も非常に高かった。それなのに、欧州ではどの国も、検査結果待ちを口実に時間稼ぎをしようとしたからです」

ドイツは、これらの検査（プリオニクス、エンファー、ＣＥＡ）を欧州連合が認可するまで待とうとのたまわったが、そんなことはどうでもいいことだった。繰り返して言っておく。評価や承認などが問題ではないのだ。

こうして、フランスは検査キットの製造で競争相手のスイスに遅れをとり、数カ月後にスイスのプリオニクス検査の導入を決めた。その理由は、すべてフランスが検査レベルでスイスに追いつこうとしたためだったことがおわかりだろう。財政上の理由もあった。しかし当然、フランス政府の威信がかかっていたせいもあるのだ。こうしたやり方のせいで、ＢＳＥの正体はさらに不透明になってしまった。そしてフランスでは、こうした不透明な状況が、ＢＳＥ騒動の当初からまかり通っていたのである。

これまで述べた三つの理由は、いずれもまっとうな理由ではある。しかし政府の誰もが望んでいたことはただひとつだ。ＢＳＥ報告書の作成が、もう数カ月長引くことである。

18 新変異型ヤコブ病の血液感染

政府の気休めの発表が、耳にうつろに響く。現在、この狂牛病という病気は人間にまで広まっている。当然、責任者たちはそれをどこまでも否定する。われわれが現在直面している症例は、非常に数が少ないので、国民は忘れるように仕向けられている。感染はまれだと主張する人々もいる。それは間違いである。この病気の進行が遅いだけだ。BSEは五年で発症するが、クロイツフェルト・ヤコブ病の場合は十年、二十年、ことによっては三十年も体内に潜伏している。

ここ数年、感染牛が食べられたことによって、狂牛病は人類に拡がった。新変異型クロイツフェルト・ヤコブ病は独り歩きを始めた。これはまるで、生物学版フランケンシュタイン博士の物語である。すべての過ちが出尽くしたあとに現われたこの伝染病は、今日もう牛を必要としていない。人間の世界は、この伝染病にとって媒介物の役割を十分に果たしているのである。

とりわけ血液は、第一の媒介物だ。しかしそこにある危険性をわれわれは認識しているだろうか。リュシアン・アベナイム保健相は信じ込んでいる。「人から人への感染は、机上の空論にすぎない」と。

これは二〇〇〇年五月二十二日の発言である。しかしクロイツフェルト・ヤコブ病を患う母親から感染した赤ちゃんアマンダ（訳注57）の事件は、人から人への感染例として五月にはすでに国民に知られていた。しかし彼はこの発言を行なった『ラ・クロワ』の同じインタビューで、さらにこう言っている。

いな「血液感染のリスクがあるかどうか？　研究所ではヒトの間でそうした感染は観測されていないし、そうした可能性も明らかになっていない」

観測するためには、まだまだ研究する必要がある。なのにこのテーマはしきりと避けられている。検査についてマーカス・モーザーが言ったように「病気を発見しなければ、そこに問題があることすらわからない」状況なのである。

血液を経路とする感染ケースは、本当にこれまで観測されたことがないのだろうか。ハラシュ・ナランに言わせると、それは間違っている。

「狂牛病が発生する以前に、クロイツフェルト・ヤコブ病患者の血液を用いて行なった動物実験を思い出すべきです。このとき、動物は必ず狂牛病を発症しました。つまり、人から感染したのです。よく知られたこの実験結果が、すべてを証明済みです。一九八三年と八五年に、マヌエリディス教授が行なった実験でした。

しかもこれについては、人間の例が実際にあります。あるイギリス人女性がクロイツフェルト・ヤコブ病に罹って亡くなった。輸血を受けたあとのことでした。われわれは、この病気が被献血者にどうやって伝染したのか『経路をさかのぼって』調べようと思いました。問題になった血液の献血者は五人いましたが、国立血液センターで判明したのは三人だけで（ただし、その三名の氏名と住所については非公開とされた）、残りの二人については『不明』との報告を受けました」

「不明者」が罹病者なのかどうか、あるいはすでに死んでしまっている人なのかはわからない。それにしても、ある人が消化器系（汚染牛肉を食べたせい）ではなく、血液からクロイツフェルト・ヤコブ病に感染したということを、どうやって確定するのだろうか。これに対してはハラシュ・ナラン博士がこう答えている。

「私は三十年以上にわたり人間の脳の調査を行なってきましたが、この感染物質は、こちらが管理方法を変えると違ったタイプの病変を生じることがわかっています。たとえば血液中にプリオンを注入すると、小脳の表面にタンパク質の班が現われる。これは成長ホルモンによる感染症で観測されるのと同じ形態のものです。

また、消化器から感染した場合は、この班が表面だけでなく、小脳全体に現われます。この女性の脳内に生じた班の分布状態を測定した結果、間違いなく血液を通して感染したものと私は判断しました。

輸血によって感染物質が小脳に届くと、噴霧器で撒布したようにそこへ拡がって行きます。しかし場所は小脳の表面だけに限られていて、拡がり方もじつに規則正しい。

口から摂取された場合、感染物質は特定の神経を通じて体内をのぼって行きます。そしてその神経がつながる小脳の部位に応じて、小脳の内側に拡がり始める。小脳での物質の拡がり具合を図にしてみると、二つの感染経路でそれぞれ違った特徴が現われています」

血液を通じて感染するおそれがあることは明らかなのだ。中でも狂牛病に由来する新変異型クロイツフェルト・ヤコブ病に関してはその危険性が高い。これについてスティーブン・ディーラーは言っている。

「新変異型クロイツフェルト・ヤコブ病については、血液の感染度をはっきり決定付けられるような実験はまだ行なわれていません（BSEがイギリスで初めて発見されてから十五年後の西暦二〇〇〇年でも！）。しかし物質が血液中に存在するケースを考慮しないのは大間違いです。理由は単純。この新変異型クロイツフェルト・ヤコブ病は『従来の』ヤコブ病とは違うからです。

感染物質は、白血球や免疫組織といった脳以外の場所で、大きく拡がって行く。人類以外の種では、血液中のプリオンが肉眼では見えません。ただ、ある種から別の種へと病気が伝播しているのだから、プリオンは存在するわけです。狂牛病と関連性のある新変異型の場合は、顕微鏡の傾きを変えるだけですぐに見つけることができます。それほどプリオンの蓄積が多いのです」

二〇〇〇年末に行なったこの取材は、最新の科学データに基づいたものだった。ならば、こうした事実はフランスの政府関係者もまだ知り得ていないもの、と読者はお思いかもしれない。ところがそうではない。

リチャード・レイシー教授は、一九九六年以来、BSEに罹った牛の血液は危険であると、当局に注意を喚起していた。スクレイピーに罹った羊の血液中に、感染物質が含まれていたこともわかっている。政府は、新変異型クロイツフェルト・ヤコブ病を引き起こす物質が血液中に高い蓄積度で見られることを、かなり以前から知っていたわけだ。

つまりフランス政府は、人の血液に感染するという主張の重要な手がかりを得ていながら、長年にわたって傍観的姿勢を決め込み、輸血について何ら予防策を取らずに来たのである。白血球からの感染リスクを減らす方法として、濾過を行なうという決議についても、われわれは九八年まで待たねばならなかった（といっても、それで完全に除去できるわけではない）。血漿における感染問題は二〇〇〇年初頭になってからだ。理由は何なのだろうか。

危険は依然、隠される

動物の感染と同じ理由から、血液感染の危険性も念入りに隠された。

だが輸血は、感染物質にとって都合がよいものの一つである。マーカス・モーザーは次のように言う。

「新変異型クロイツフェルト・ヤコブ病はリンパ組織に見られることがわかっていますが、リンパ組織の細胞というのは、血液を通して人の体内を循環します。『従来型の』クロイツフェルト・ヤコブ病と違って、重要なのはその点です。もちろん、現在の問題はプリオンが牛から

『飛び出して』人間に移ったためにに起こったことですが――。これからは、おそらく感染がどんどん拡がって行くでしょう。感染の速度を鈍らせる種の壁は、もうまったくなくなった。ただしそれも、十年、二十年、三十年経ってみないとわかりません」

ステーキを食べれば、牛のプリオンは体内で吸収される。しかし輸血の場合、人体に浸透した感染物質は、すでに人間の組織の一部なのだ。

輸血の恐ろしさがおわかりだろう。ところが、こうした危険からフランス国民を守ろうとする動きは何もなされなかった。このように人にとってより深刻で、より直接的被害を与える危険があるのがわかっていながら、その事実をどうして何年も見過ごせたのだろうか。

イギリス国立輸血センターでは、一九九四年から警告を発してきた。だとすれば、欧州各国の政府に何の通達もなされなかったとはとうてい考えられない。やはり政府は、血液感染の危険性を推定するのに必要な実験をなかなか行なおうとしなかったのだ。

政治家たちは、決して懲りることがない。フランスで起こったあの薬害ＡＩＤＳ事件（訳注58）で政策決定者たちも学んだはずと思われるだろうが、事実はそうなっていない。

政府が沈黙を決め込んでいる理由は容易に察しがつく。このじつに生々しい危険性からフランス国民を守るのは、途方もない難事業である。血液からフィルターを使って白血球を除去するというのは、コストがひどく高くつくわりに、それでも感染の可能性がゼロになることはない。それどころか、血液中のプリオンを見つけられる検査はどこにもないのだ。

アベナイムは『ラ・クロワ』のインタビューで、人と人のあいだにおける血液を介した感染リスクはまったく観測されていないと述べた。しかしこの発言の三年前、アトランタの米国感染症対策センターがモントリオール神経研究所と共同で、四人のオーストラリア人が輸血後にクロイツフェルト・ヤコブ病になったという発表を行なっている。この発表は、病気の原因を解明するうえでは何の手がかりもつかめずに終わったものの、成長ホルモンの投与や、危険な素材による人工歯根（インプラント）の治療がヤコブ病発症の原因ではないかとの仮説を立てるなど、深く突っ込んだ研究がなされている。

同センターはこの報告で、血清アルブミンを投与されたあとにクロイツフェルト・ヤコブ病に感染して死亡したカナダの患者や、同じ病気で亡くなった他の患者のケースについても詳しく述べている。

一方フランス政府は、こうした調査をまえにして不安を表出するまいと、妙にかたくなな態度を取ったり、戦々恐々となったりしながら、一九九七年以後もまだ厄介な問題が残っているという秘密を隠しつづけた。

とはいえ、フランスでは政府関係者は何も問われなかったようだ。プリオンによる血液汚染という問題は、国民にとって一度も議論の対象にはならなかった。テレビの特番が、この件に関してたまたまいくつか取り上げただけである。しかもテーマはガラリと変わって「人体へのしまう。

危険は証明されていない」というものだった。これでは国民の方も、論戦する意欲すら失って

フランス保健相も、輸血による危険性は研究所では証明されていないと公言している。しかし、米国の感染症対策センターやモントリオール神経研究所が一九九七年五月十四日に示した見解はちょっと違うようだ。

「蓄積の度合いはケースによるものの、血液中に病原物質があるのは調査でわかっている（病原物質の蓄積度が病気の進展段階で違ってくることはすでに述べた）。動物における血液感染の証拠が十分にあることから考察すると、クロイツフェルト・ヤコブ病の感染物質が血液によって伝播する可能性はある」

ポール・ブラウンは、血液感染について一九九六年にこう述べている。

「血液による感染は、他の感染ルートによるすべての感染より強力かもしれない。また、たくさんの人々が感染物質にさらされる危険が高い」

感染リスクを肯定するこうした科学的発言は、疑う余地がない。彼らは間違った情報を流したところで、損にも得にもならない。感染症対策センターも政府機関である以上、リスクを軽視せざるを得ない場合こそあれ、過大視することはまずない。

しかし上記のふたつの論拠（狂牛病は人から人には感染しない、研究所では輸血による危険性は証明されていない）がその三年後、世界最大の二カ所の研究所によって覆された時でさえ、フランスの保健相は事実から目を背けていた。

新たな段階に入ったばかり

血液感染の事実が発覚したことから、狂牛病は新たな段階に入った。これからはもう、動物の伝染病が人間に伝播したことは問題ではない。それよりも人間に「付きまとい」、人間の世界のあらゆる媒介物を使って、見事なまでに「同化する」病気のほうが問題だ。

アメリカでは、現在でも献血された血液を自由に欧州全域へ提供できる。しかしすでに述べたように、海綿状脳症はアメリカでも家畜の牛や野生の鹿のなかにかなり拡がっている。プリオンは血液製剤の中に紛れ込み、各種血液成分を生成するため現在自由に出回っている他の製剤と混ぜ合わされ、製品全体に感染がまわる。

フランスやイギリスで行なわれているナノフィルトレーションで、感染した白血球を濾過できる確率は八〇％である。残りの二〇％がさまざまな問題を引き起こすことを考えるとぞっとする。

感染した血液を発見したり、ましてや「浄化」したりする手立てはほとんどない。スティーブン・ディーラーは言う。

「例えば非常に高い温度で殺菌しても、効果はありません。AIDSの場合の処置とは違って、血液からプリオンを取り除くことはできないんです。唯一の可能性は、おそらく血漿の「洗浄」でしょう。しかしこれを行なうには巨額の費用がかかります。白血球については、どちらの対策も断念しなければなりません」

一人の患者から多くの人々に感染が拡がるという点からいうと、血液のリスクはとてつもなく大きい。一九九六年、トロント小児病院では、ある献血者がクロイツフェルト・ヤコブ病に感染していたことが判明した。調査をしてみると、五二五人もの人が致死性の病原物質にさらされる危険があったということがわかった。汚染された一パックの血液が大勢の患者にとって空恐ろしい事態を招くことが、これではっきりとわかる。

二〇〇〇年九月十七日付の『サンデー・タイムズ』には、これに関する記事が載っている。

「人間のBSEにあたるクロイツフェルト・ヤコブ病に血液を通じて感染した七人が、その後血液製剤を汚染し、多くの患者に伝播した恐れがある。イギリス国立血液センターでは、この七人から採取した血液の一部が、病院に配送されるまえに他の多くの人々の血液と混じったことが判明した」

この事実が発覚したあと、海綿状脳症を潜伏させているが発症していない羊の血液は、第二の動物に投入されるとその動物に伝染することが、いくつかの実験により明らかになった。人間も、こうした感染をかなり受けやすい。

同センターのスポークスマンであるカーリーン・ディアズは、七人のクロイツフェルト・ヤコブ病患者の血液が投与された時期が、イギリスで安全対策が採られ始めた一九九九年より以前だったことを確認した。ディアズは言う。「とても気がかりな状況ではあります。しかし、羊に起こったようなことは、おそらく人間には起こらないでしょう」

ディアズはまたこうも述べる。

「献血者登録簿が正確さを欠いているため、記録を追跡して被献血者を見つけることができません。それでも十二人以上の被献血者は判明しました。ただ、与える衝撃の大きさを考え、その人たちに事実を知らせるのは差し控えることが決定されました」

一方、海綿状脳症に関する政府諮問委員会の委員長であるピーター・スミス教授は、リスクがあると言い切る。

「さまざまな人間の血液を混ぜ合わせた各種血液製剤の問題は、成長ホルモンが抱える問題と一緒です。感染がたった一人でも、それが自由に伝播して行くわけですから」

スミス教授は、献血者の血液にある感染物質を不活性化するため、一定時間おきに行なわれている現在の処置が、おそらく不十分だという認識ももっている。イギリスでは九九年以降、すべての血液製剤から白血球が取り除かれている。白血球がプリオンを運搬すると考えられるからだ。ところが最新の研究では、赤血球にもプリオンが存在している恐れのあることがわかっている。

事実をさらに隠蔽

この問題についてふれるまえに、重要ないくつかの点を振り返っておこう。ナノフィルトレーションを行なえば、血液中の白血球に高い度合い（約八〇％）で蓄積しているプリオンを取り除くことができると考えられている。しかし、アメリカの微生物学者で海綿状脳症の専門家であるトム・プリングルからすれば、この方法ですべてのリスクを排除できると考えるのは間違っている。「白血球を除去したところで、リスクはどうしても残ってしまう。血液そのものから感染成分を取り除くことは不可能なのだ」。

それにしても何より重大なのは、原因物質に感染した恐れのある犠牲者に対するイギリス国立血液センターの姿勢である。あろうことか、こうした男性や女性には自らの感染を知る権利がないのだ。罹ってしまえば、どうせ手の施しようのない病なのだからというのを口実に、これらの人々が受けるリスクすら政府は伝えていないのである。「隠蔽」という一言に、ＢＳＥという伝染病のすべてが要約されている。

人から人への感染が血液によって起こるリスクは、どう考えても明らかだ。どれほど強硬に抵抗しようと、政府は将来ひどい汚名を着せられることになる。では、医療システムの大部分に関わる輸血方法をどのように改良していけばよいのだろう。スティーブン・ディーラーの考えはこうだ。

「ヨーロッパでは、血液が大量に消費されすぎています。なかでも南欧はその代表。必要なのは、自己血輸血(訳注59)を普及させることです」

この方法は、患者に患者自身の血液を輸血するというものだ。確かにこれなら、命に関わり、手の施しようがなく、何より発見不可能な感染物質への接触を避けることができる。

だが、それでも一つはっきりしていることがある。政府が真実を受け入れようとしないため、病気を急速に蔓延させるということだ。静脈における感染率は、食物摂取経路の一〇万倍である。静脈では感染が発見できないし、何より体内の他の部位の境界を越えてしまえる（血液は商品流通業者のような役割を果たしているのだ）。

クロイツフェルト・ヤコブ病の犠牲者の数に関する疫学的推定値は、どれもＢＳＥの発症数にもとづいている。すでに述べたように、犠牲者は何とイギリスだけで二五万人に上ると推定されている。しかも、血液感染の要素はどの推定値にも考慮されていないことから、これから数十年間での発症数は現在の推定値をはるかに上まわるだろう。

ポール・ブラウンが言ったように、輸血によるリスクがその他のリスクに勝るというのは、実際にあり得ることなのである。新たな薬害ＡＩＤＳスキャンダルが起こるのだろうか。おそらくそうなるだろう。ＨＩＶ患者には一縷の希望があった。ところが不幸なことにヤコブ病の場合、患者の死を見守る以外に何もできないのである。

19 病院の危険

クロイツフェルト・ヤコブ病にとっての病院は、BSEにとっての食肉処理場のようなものだ。現場には多くの感染が残り、有効と思われるあらゆる殺菌法を行なっても徒労に終わってしまう。フランスの外科医療の現場は、連鎖状球菌のさまざまな問題があることで知られる。これはどの国の外科医療でも同じことだろう。

しかし、病院の現場にあるプリオンのリスクをわれわれは本当に分かっていると言えるだろうか。実のところ、プリオンという相手が十分わかったいま、病院の抜本的改革に着手すべきなのだが、何の措置も行なわれていない。

すでに述べてきたように、この事件のもとになったのはBSEだ。BSEによって現在のクロイツフェルト・ヤコブ病が生じた。病院はそれを増幅させる一方である。しかもその効力は恐ろしいほどだ。それにしても、われわれが消毒、手術病棟、医療器具の殺菌を行なうとき、プリオンはどのような手を使ってこちらの策略の裏をかくことができるのだろうか。この点を十分理解するために、アメリカ国立衛生研究所で研究を行なうアメリカ人ポール・ブラウンの談話を引こう。

「プリオンというのは、世界中でおそらく最も抵抗力のある生命体です。煮沸消毒しても、ホルマリン液に漬けても、蒸気滅菌器（圧力鍋のようなもので、(訳注60)高度の殺菌が行なえる）を使って瞬間殺菌しても、用具一式を消毒剤に漬けても、イオンビームに充てても、何の効果もない。プリオンの一部は破壊されますが、完全に破壊されるわけじゃありません。この実験についてはまだ発表していないのですが（これは一九九九年七月二十七日『ＵＳＡトゥデイ』での談話である）、プリオンは六〇〇度近い高熱に十五分間さらしても生き延びることができます。とんでもない物質ですよ。われわれの知っている生物学的存在とは、まったく相容れないものなのです」

患者が医療器具で体の一部を切除されたり、縫合されたり、切開されたり、検査されたりしているあいだも、プリオンの方はこうした手順一切におとなしく従ってはいない。仮にこうした手順のすべてについてプリオンへの処置を行なうとすると、虫垂炎手術でなんと最低一万フランはかかる。

この物質が抵抗力にすぐれている点がわかれば、それが病院に現われることがどんなに恐ろしい事態かもおわかりだろう。手術病棟で「一連の」手術が行なわれるあいだに、生物学的混合があっても、病原体からすればおかまいなしである。プリオンについて言えば、用具をこれまでのやりかたで殺菌するだけでは、洗浄せずに再使用するのとまったく同じことである。

それにしても、政府は病院という構造物から生じる感染の危険性について、どれくらい前から情報を握っていたのだろう。かなり昔からである。

リチャード・レイシー教授は、一九九四年の著書『How, Now, Mad Cow?』（訳注61）の中で次のように説明している。

「クロイツフェルト・ヤコブ病患者の死体解剖では、病原菌に信じられないほどの感染力があるため、細心の注意が必要である。病理学者は防護マスク、防護メガネ、ブーツ、ビニール製エプロンを着用すること。死体であれ生体であれ、クロイツフェルト・ヤコブ病患者に接触した医療用具はすべて、念には念を入れて殺菌を行なうこと。脳組織の撮影に使用する銀製の電極には、高圧蒸気を当てること。あるいは超高温に六回続けて当てること。しかし、それでも感染物質が完全に除去できる保証はない。

症状がまだ表われていないクロイツフェルト・ヤコブ病患者の場合、手術で使われた医療器具は他の患者にも使用されることになる。したがって、こうした医療器具が原因となって他の患者が病気に感染する恐れがある。

クロイツフェルト・ヤコブ病は、医療従事者にとって非常に恐ろしいものであるため、この感染者の遺体解剖を拒否する医師もいる。イギリスの病院でもこの病気に苦しむ患者を受け入れないところがある」

ここにもプリオン騒動の奇妙さがある。病院の現場では、プリオンにまるでリスクがないかのように、何の処置もなされていない。それでいて医療従事者はプリオンを恐がり、患者を拒否するのだ。これは明らかに矛盾している。

フランスでは、問題がまだそれほど深刻に受け止められていない。問題は奥に潜んでおり、まさに起こり始めようとしている。ところが、そのことについてほとんど何も語られていない。

手術病棟の危険といえば連鎖状球菌だけに限定されているというのが、大衆の頭のなかにはある。しかしそうした錯覚は危険を招く。

アトランタの感染症対策センターは、モントリオール神経研究所と共同で、この問題について次のような発表を行なっている（一九九七年五月十四日）。

人から人への感染（感染患者から健康体の患者へ）は、以下の場合に明瞭に見て取れる。

――感染物質の付着した医療用具を用いた神経科の手術

――中枢神経関連の組織の摘出や移植

多くの人が一度は受けたことのある従来型の手術には、リスクはまったくないのだろうか。すべての人の体内には血液が流れ、神経組織がある。外科医が体のどこかの部位にメスを入れる時、メスは体中を循環している血液にふれる。

患者がクロイツフェルト・ヤコブ病に罹っている場合、患者のプリオンは手術用具表面の凹凸面に付着する。プリオンは電子顕微鏡の世界でしか動きが見られないほど小さい。メスや開創器を見ても、表面はただ平らに見えるばかりだが、実際はそうではない。

用具の表面には、肉眼では見えないほんの小さなくぼみがある。プリオンは、一人の患者からべつの患者に移るまでのあいだ、そこを「中継地点」として仮住まいをする。一九九九年四月、『モレキュラー・メディカル』という雑誌がある研究グループの調査を発表した。

「われわれの開発したモデル・システムを用いて実験した結果、スチール製の医療用具には、ホルマリン液で消毒したあとでもクロイツフェルト・ヤコブ病の感染物質が残ることが判明した」


クロイツフェルト・ヤコブ病は血液中にあり、血液は組織にまわる。つまり組織を切除する外科医療器具は、ヤコブ病の病原体に接し、用具の表面には感染物質が付着する恐れがある。しかも、通常の殺菌法を行なっただけでは生き残る可能性もある。こうして感染物質は、次の患者に伝播していく。


したがって、リスクは明らかなのだ。こうしたリスクに対し、イギリスでは対策が検討され、その内容が二〇〇〇年九月の『テレグラフ』で明らかにされた。

「政府は外科手術の危険性を十分承知のうえで、それを数年にわたって隠蔽し続けてきた。イギリス保健省は、イギリス全土の医療システムで使い捨ての医療用具を採用することを検討している。しかしまだ正式な討議は行なわれていない」

一方、フランスでは蒸気滅菌器の使用が「奨励」されている。この器具は高熱の湿気を利用した殺菌システムで、プリオンを退治するうえではおそらく一番効果のある方法である。しかし、感染リスクをよそに、一般の手術でこの方法が採られることはまずないし、その効果が保証されているわけでもない。

スティーブン・ディーラーは言う。

「この問題はますます深刻になっていくでしょう。イギリス政府ではずいぶんまえに、死者を最小限にとどめるよう決定しています。その後、イギリス政府は死者の数が『決定』をはるかに上まわっていることに気づきました。そこで対策を講じることになった。今年、病院関連で行なわれたかなりの数の措置を検討してみましたが、はっきり言ってお粗末なものでした。私たちは保健省に、措置を強要するのではなく『提言』しました。私たちが強く主張したのは、クロイツフェルト・ヤコブ病患者に、安価な使い捨て医療用具を用いるという案です。そのほかには、もうすこし費用がかかる措置として、医療用具の高温殺菌を義務づけ、殺菌した用具はクロイツフェルト・ヤコブ病患者のみに使うという案も出しました。

科学者たちは、一人の人間からべつの人間に感染するのにプリオンがどれくらい必要になるかを算出しています。脳に注入する場合は一〇〇万分の一グラム。また一般の外科手術の場合、感染を起こすにはもっと多量のプリオンを組織に注入する必要があります。それでも、およそ一万分の一グラムと微量でした。この一万分の一グラムというのは、たとえ外科の医療器具の凹凸面に付着していても、人には決して見えません。最適温度で殺菌しても、金属面のこうした微量の物質は、まったく問題なく付着し続けています」

このことを如実に物語る二つの事例がある。外科手術と同じ状況（メスや開創器などを用いたあと）で、「問題の」肉に対してある実験（普通の肉にプリオンを混ぜ、一定の日光をあてたとき螢光を放つようになるまで待つ）が数回行なわれた。医療器具を消毒し、殺菌を行なったあとでも、肉の微細なかけらが必ず金属に付着するかどうかを検査したのだ。すると、用具にはやはり肉片がついていた。

二つ目の事例はもっと酷なもので、一九七九年のアメリカに起こった。クロイツフェルト・ヤコブ病患者の脳に手術が行なわれ、その後その医療器具で手術を受けた他の患者三名が、クロイツフェルト・ヤコブ病を発症して死んでしまったのである。

必要な医療器具や、より高度な殺菌対策には費用がかかる。この問題について政府機関が口をつぐんでいるのは、そのためでもある。しかしそれが理由のすべてではない。外科医療器具に感染リスクがあることを政府が公式に認めれば、人々のあいだでパニックが拡がるかもしれない。しかも自己責任を釈明する必要も出てくる。

責任は問えても罪は問えない？

医療面での政府の決定（というよりは何の決定も下さなかったこと）に過失があったこと。それが実証されたことは一度もない。神経科医が犯した医療ミスとは違い、一般の手術がもとで起こるこうした被害は現われるのも遅いため、原因究明はほとんど不可能なのである。

しかし脳外科手術の際に、患者が医療用具を通して神経の病気に罹った場合は、見るまに症状が出る。神経と脳には明らかなつながりがあるため、プリオンが脳へたどりつくのも早いのである。

その点、虫垂炎にかかった少年の場合、感染物質の「足取り」は重くなる。これまで見てきたように、この感染経路は神経から脊柱に抜けて脳へたどりつくルートであって、脳の手術をした患者のプリオンがたどる道とは違う。

したがってこの少年の場合は、不幸な仲間たちに比べて病気に罹るのが十五年遅くなる。そして発症する頃には、相変わらず原因をハンバーガーに求めているかもしれない。

この問題で政府が嘘をつけば、きわめて大きな影響を及ぼし、あっという間に人々を破滅させる。政策決定者が国民を無視した態度を取れば、犠牲者はやがて欧州全体で数十万人に膨れあがるだろう。見たところ健康そうな感染患者は、フランスの手術病棟にどれくらいいるだろうか。

外科医療器具による感染例は、七〇年代にもいくつか発覚している。そうである以上、政府はリスクについて警告する者が誰もいなかったなどとシラを切ることもできない。イギリスの歯科医の例もある。その歯医者はクロイツフェルト・ヤコブ病で死亡したのだが、患者の二人も同じ病気で亡くなっていたのだ。

医療の現場における血液、医療器具――人間のクロイツフェルト・ヤコブ病は、家畜のあいだに拡がるBSE以上の速さで蔓延するが、被害がかなり拡大した今日では、動物の海綿状脳症に関してどんな措置をとっても、われわれを脅かす被害を根絶することはできないだろう。あまりに多くの要素がこれまでに黙殺され、隠蔽されてきた。

一見すると、狂牛病への対処はなされているかのようだ。しかし本質的に問題は解決されていない。

ウシの血清を利用して作られたワクチンはどうだろう。今後、こうした製品を販売する企業からは、情報の透明性が得られなくなり、子供たちの安全を守る努力は望めなくなるのだろうか。

事件が発生して以来、いまにいたるまで政府が優先してきた黄金律は、肉の消費にともなうリスクを最少にすることだった。それでも「牛肉は食べてもＯＫ。ただしウシ血清のワクチンは危険です」と言うわけにもいかなかった。

イギリスでは、クロイツフェルト・ヤコブ病に感染するということでポリオの予防ワクチンが販売中止になったが、なんとこれは二〇〇〇年十月二十日のことである。

この件については、アメリカ人微生物学者トム・プリングルの談話を挙げておく（二〇〇〇年一月のインタビューによる）。

「西欧ではどの子供も、ウシ血清のワクチン接種を受け免疫抗体を作っています（実際、このようなワクチンの多くは、培養された組織を借りて作られている。牛の血清は細胞の活性化を持続させるのに使われる）。そのうえで牛肉も食べているのです。

多くの人がいつ発症し、いつすべてが発覚するのか。政府にとってはその時期の確定が問題になります。今後も事実を隠蔽し続けるのか。最後には事実が国民に知れ渡るのか。その点が問題なのです――」

ウシに由来すると考えられる製品には、われわれの生活に密着したものが多い。例えば医薬品の糖衣には、その成分構成や処方箋がどうであっても、動物性脂肪が含まれている恐れがある。しかし、こうした成分がフランスやイギリス産でなければ何かが違ってくるのだろうか。ドイツでは最初の症例が発覚するまで事実が完全に隠された。しかし巨大な製薬会社が、ドイツから保護を受けている。そして数年のあいだに、欧州の製薬市場はこうした企業の製品であふれ返ったが、その薬の糖衣には牛のゼラチンがよく利用されていた。

さて、東欧はどうだろう。東欧諸国は安価な牛肉を大量に輸出しているが、ポーランドを始めとして肉骨粉を利用している点は西欧諸国と変わらない。ベルギーの密売人ドゥコック（訳注62）は、欧州大陸で輸入が禁止されたイギリスの肉骨粉を現在でも取り扱っており、規制がいい加減で腐敗が横行する東欧諸国を対象に、ビジネスを展開している。しかし東欧産の牛肉は追跡が難しく、西欧に混入し続けている。

また例えば、インシュリンはどうだろう。これもほんの最近まで、牛のすい臓を使ってインシュリンを製造していた研究所がある。

さらに今日のヨーロッパには、薬品の材料に対して十分厳しい規則があるが、アメリカ合衆国にはそれがない。アメリカでは、狂牛病を軽視する姿勢が続いている。狂牛病ゼロという発表の裏には、ダウナー牛の症例を毎年一万頭も出している事実が隠されており、ご同慶のイギリスと同じくらい危険の恐れがある。政府が国内で起こる騒ぎから身をかわしているあいだにも、アメリカでは牛由来のゼラチンを使った医薬品カプセルが大量生産され、輸出され続けている。

欧州連合はどうなのか。われわれは薬害に対して完全な備えができているのだろうか。欧州委員会九九／五三四決議(訳注63)では次のように明記されている。
「一九九九年七月より、多少なりとも危険性のある物質は三気圧一三三度で二十分間殺菌すること。ただしリンパ腺、組織、器官についてはこの限りではない」

どう解釈したらいいのだろうか。おそらくは、市場のトップを占める大企業が、巨大な財力にモノを言わせた結果であろう。今日では、どの錠剤が危険ゼロかを確認することは不可能なのだ。安全なのは糖衣に動物由来の成分がまったく含まれない場合だけである。

だが、どうやってそれを確かめればいいのか。

ヤコブ病、それともアルツハイマー病

組織や臓器の移植の一部が問題を引き起こすことは、ずいぶん前から知られている。「硬膜移植」[訳注64]は、人間の脳の外側を包む硬膜を、死亡者から摘出して乾燥させ、それを移植する方法だが、これが原因で一九八七年以来、数十人が死亡している。

つい最近も、この抽出物の輸入が直接のきっかけとなり、国内で四〇人以上の死者が出たことを日本の政府が認めた。その後このタイプの移植は禁止されたが、低く見積もっても世界中で数千人が感染したと考えるのが妥当である。そしてこうした移植を受けた男性や女性によって、これまで本書で述べた他の要素、例えばあるものは献血をし、あるものは外科手術を受けることにより、汚染の連鎖は永久に続くこととなる。

角膜移植の手術にも、高いリスクがある。角膜は視神経と中枢神経のあいだにあり、両者とほとんど直接的なつながりにあるからだ。これこそは人体がもつ、文字どおり生物学的「ハイウエー」であり、プリオンは最終地点である脳の数センチ手前で「降ろされる」。こうした感染の潜伏期間は異常に短い。

しかし、あらゆる移植にまつわるリスクについて、もっと包括的に検討するべきだ。一定の細胞のなかにあるプリオンを検出できるような検査がない以上、たとえ仮説を裏付けたり否認

したりする科学的データがほとんど存在しなくても、こうしたタイプの移植手術にリスクがあるという考えは否めない。

お気づきのように、われわれの社会は台頭してきたプリオンによって、まぎれもない汚濁の海にでも飲み込まれてしまったように、すみずみまで支配されている。

この先、数十年のうちに発症する感染病を抱える私たちにとって、気になるのは次の点だ。小児、青年、成人、高齢者のうち、どの年齢層で多く発生するのだろうか——。

答えはもちろん、最後の高齢者層である。人生の長いあいだを潜伏期間として過ごし、老いてから病気の症状が出る人々だ。

しかし、クロイツフェルト・ヤコブ病のような神経退行性の病気は、老人性痴呆症、すなわちアルツハイマーの症状と間違えられやすい。

このテーマについてはマーカス・モーザーが言っている。

「アルツハイマーが誤診でなかったかどうか、患者に対して調査計画を実施してみる意義はあると思います。

クロイツフェルト・ヤコブ病が若い患者に検出されやすい理由は、二十代、三十代の人間としては症状が異例だから。こうした患者が一般医を訪れると、患者はすぐに神経科医のもとへ送られます。それから神経組織の病理的退行変化に関する病気の専門医が診ることになります。

ところが患者が高齢の場合、神経退行性のトラブルがあっても、もう年だから仕方がないと思われる。そうして原因はアルツハイマーと、書類上は分類されるのです」

この二十年のあいだに、欧州のアルツハイマー患者の数は一〇％増加している。そこから次のような疑問が浮かぶ。アルツハイマーが再発したのだろうか。それとも、アルツハイマーと誤診されただけのクロイツフェルト・ヤコブ病が再発したのだろうか——。

アメリカのプリオン病専門家であるマイケル・グレガーは、一九九六年にこう説明している。「クロイツフェルト・ヤコブ病は、ひどく過小に診断されている。最も多いのは、アルツハイマーに似ていることから生じる誤診である。確かにこの二つの病気には、共通の病変や症状がある。実際、アルツハイマー患者にも海綿状の変質が時おり見られるし、クロイツフェルト・ヤコブ病患者の脳にもアルツハイマーの特徴であるアミロイドの斑点が見られることがある。新変異型クロイツフェルト・ヤコブ病にかかった若い患者の脳は、アルツハイマー患者の脳と気になる類似性を示している。プリオン病の本当の発生率は、アメリカでも他のどの国でも、つねに謎に包まれている。さまざまな神経病理学者による非公式の調査では、痴呆症の二〜一二％がクロイツフェルト・ヤコブ病によるものとされている。一方、公式発表では、このクロイツフェルト・ヤコブ病に罹るのは一〇〇万人に一人以下としか推定されていない。このように二つの病気が混同されているうえ、死体の解剖はほとんど実現していない。痴呆症の最も異型のものについてもそれは同様だ。実際には、プリオンの感染力が強いため、医療従事者はプリオン病をひどく恐れている。そのため、むしろ研究があまり先に進まないほうがいいと考える関係者も多い。

アメリカでは、四〇〇万人がアルツハイマーになっている。これは高齢者の死亡原因としては上から四番目にあたる。疫学的調査では、牛肉をよく消費する人がある種の痴呆症を患う確率は、そうでない場合の三倍となっている。

ペンシルバニア大学で一九八九年から行なわれている予備調査では、『アルツハイマー』と診断された患者のうち、五％がまさに海綿状脳症で死につつあるとの結果が出ている。つまり、アメリカでは二〇万人が狂牛病のせいで死亡しつつあるということになる」。

二つの病気の症状が似ていることは、政府にとっては都合がいい。高齢者がクロイツフェルト・ヤコブ病に罹った場合、事態を小さく見せるため、アルツハイマーが隠れ蓑にされているのだ。

政府は賢しらな手段を用いて、さらに隠蔽工作を続けようとしているが、それはもう限界に達している。狂牛病は徐々に加速し、症例数の増加はますます深刻化していく。それを目のあたりにしながら政府が繰りだす嘘の数々は、防波堤の向こう側で溢れかえる急流のようなものだ。流れの圧力はぐんぐん高まっていく。そして国民と真実のあいだに政府が築こうとした防波堤は、やがて完全に決壊することとなる。

注

原注

1　羊の肉がきわめて危険——第7章参照。
2　乾草ダニ（Hay Mites）——Caracteristics of Scrapie Isolates derived from Hay Mites, *Journal of Neuro-Virology*, 2000, vol.6, p.137-144
3　「集団」（le groupe）——ここでは病気の異常な集中を意味する。英語の cluster にあたる。
4　種の壁が飛び越えられた——Dr.Gibbs, *NHS*, USA, 1987
5　ＣＷＤ（Chronic Wasting Disease）——慢性消耗病の略称。

訳注

1　ジーン・ウェイク、レン・フランクリン、ケビン・ストック、バーバラ・リディアート——一九九六年、『デイリーエクスプレス』、『タイム』、『ガーディアン』などの英国各紙で取り上げられたクロイツフェルト・ヤコブ病患者たち。発症年齢その他の特徴から見て、従来のクロイツフェルト・ヤコブ病とは異なる「新変異型クロイツフェルト・ヤコブ病」、いわゆる人間のＢＳＥ症例とされた。
2　ＢＳＥ——狂牛病の医学名称「牛海綿状脳症」（bovine spongiform encephalopathy）の略称。
3　ジュルナル・ド・ヴァントゥール（Journal de 20 heures）——国営テレビ「フランス２」のニュー

ス番組。

4　糖衣――錠剤を飲みやすくするためにコーティングした表面の層。

5　牧畜業連盟――FNSEAやCNJA（注6参照）などの国内団体と、欧州家畜飼料生産者連盟のようなEU規模の団体がある。

6　FNSEA――全国農業経営者組合連合（Fédération Nationale des Syndicats d'Exploitants Agricoles）の略称。フランス最大の農民団体。六〇万人の農民と三万二〇〇〇団体の地域農業組合で構成されている。県支部レベルでCNJA（全国青年農業者センター）と連絡しており、国内の有権者層と支持基盤を背景に、強い政治的影響力をもつ。

7　伝染病――ここでは「クールー病」をさす。フォア族が居住していたニューギニアのクールー地区に蔓延したこの風土病は、症状が新変異型クロイツフェルト・ヤコブ病と共通していた。一九六〇年代、カールトン・ガイデュシェック医学博士の研究により、クールー病の原因は食人慣習にあることがわかった。

8　アポトーシス――生物が成長したり、外敵の侵入から身を守るために行なう「細胞死」の一タイプ。生理的にプログラムされた細胞の自殺である。この働きによって、人体は外敵が侵入しても組織の炎症を起こすことなく、特定の細胞だけを除去することができる。死んだ細胞は、外敵を退治するマクロファージ（大食細胞）に飲み込まれ、消滅する。

9　受容体――細胞膜上にある刺激伝達物質。

10　新緊急措置――欧州連合による特定危険部位の食用禁止を受けて、フランス国内で取られた同様の措置。

11　脳や臓物――欧州連合の指定した特定危険部位。

12　その肉は市場から全廃された――二〇〇〇年十一月、狂牛病感染の疑いのある肉が大手スーパー、カルフールに出荷されたことが明らかになり、回収・処分された事件をさす。

13　NAIF（Nés Après l'Interdiction des Farines）――肉骨粉の使用禁止（一九九〇年）以後に生まれた牛。

14　LCI（La Chaîne Info）――フランスの民法テレビ局TF1が提供するCATV放送。ニュースを専門に放映している。

15　トレーサビリティ――発生した伝染病の由来や感染経路を追跡し、確定する可能性。トレーサビリティを確立することが、低迷する牛肉消費を回復させる早道とされる。

16　「何人の人間がAIDSに血液感染……」――性急な判断にもとづいた発表がきっかけになり、予防措置を誤って大量犠牲者を出してしまうことへの危惧。著者は、狂牛病についても同様の可能性があるとする。

17　サウスウッド委員会――一九八八五月、人間や牛の健康にBSEが及ぼす影響を調査する目的で、イギリス政府が発足させた委員会。同委員会は八九年、「狂牛病は人間には感染しない」という内容の報告書を発表した。

18　スティーブン・ディーラー――イギリスの微生物学者。一九九〇年六月、イギリス議会の農業委員会から依頼を受け、リーズ大学臨床微生物学教授のリチャード・レイシーとの連名で、狂牛病問題に関する報告書を提出。八八年のサウスウッド報告書の科学的誤りを指摘した。

19　リステリア症――肉や乳製品などが媒介するリステリア菌による、致死性の高い伝染病。リンパ節炎、結膜炎、敗血症、脳炎などを発症することがある。

20　空気式スタニング処置の禁止措置――米国では現在も空気式スタニング処置が行なわれている。日本での処置は、ボトルピストルで牛を失神させるボトルスタニング処置。

21　脊柱の両側を同時に切断――フランスでは、脊柱を断ち割る従来の方法が二〇〇一年に禁止され、現在は脊髄除去法が採られている。この章で述べられている脊髄液による感染は、牛の解体処理をめぐる論点のひとつ。日本でも、行政が長いあいだ脊髄液を危険部位として認めず、その怠慢が指摘されていた。二〇〇二年一月、わが国でも「背割り前の脊髄除去」を導入する方向で、厚生労働省から都道府県への「行政指導」が開始されたが、禁止措置には至っていない。

22　コレーズ県――酪農を主要産業とするフランス中部の県。シラク大統領の出馬選挙区としても知られる。

23　エアゾル――気体中に微粒子が浮遊している状態。

24　ミカド――木製または竹製の棒をまとめて落とし、他の棒が動かないように注意しながら一本ずつ拾い上げるゲーム。

25　汚染された血液――フランスの薬害エイズ事件（訳注58参照）

26　三色テープ――三色旗のイメージから、フランス国産肉を意味するセロハンテープ。

27　肉骨粉禁止の決定（イギリス）――一九九六年三月、英国政府はすべての食用動物の飼料について、哺乳動物肉骨粉の使用を禁止した。日本政府も九六年から肉骨粉を使用しないよう指導してきたが、全面禁止は二〇〇一年十月。

28　肉骨粉の六カ月間使用禁止（ＥＵ）――二〇〇〇年十二月四日、欧州連合農業担当閣僚理事会で、

二〇〇一年一月一日から肉骨粉を六カ月間使用禁止とすることが決定された。だが本書でも指摘されているように、肉骨粉以外の飼料による施肥は、コストが非常に割高となる。そのため、遺伝子組み換え食品への依存度が高まるのではないかということも一方で懸念された。

29　トランブラント――フランス語では「スクレイピー」のことを「トランブラント」(震え病)という慣例があるが、トランブラントをスクレイピーの異株にあたるプリオン病とする説もある(11章参照)。

30　クモ形綱――クモ、ダニなど。

31　コート・ダルモール――ブルターニュ北部の県。

32　ゲルストマン・ストロイスラー・シャインカー症候群――プリオン病の一種。

33　ピック病――重度の痴呆症の一種。反社会的な行動を引き起こすことも多く、徹底した介護が必要とされる。

34　テレトン――毎年十二月、フランス筋障害協会が主催するボランティアのイベント。全国にTV中継される。

35　三十カ月齢以上を全頭検査――二〇〇〇年十二月の欧州連合農業担当閣僚理事会による決定(訳注27参照)では、動物性飼料の六カ月間禁止と並んで、生後三十カ月以上の牛について生体検査を行なうことになったが、フランスでは牛六〇〇万頭のうち二五〇万頭しか検査の対象にならなかった。日本では、二〇〇一年一〇月に全頭検査を開始。

36　肉骨粉禁止令の「抜け穴」――フランスは一九九〇年に肉骨粉を牛の飼料に使うことを禁止したが、〇・三%の使用を認めていた。「抜け穴」とはこのことをさす。また、豚と家禽への使用も九六年七月までは認めていたが、これは病原物質が「種の壁」を超えられないという前提にもとづく決定。このような禁止令のあとに生まれたのがＮＡＩＦだが、狂牛病の牛はその後も見つかっている。

37 スーパーＮＡＩＦ――一九九六年七月、フランスで肉骨粉中の危険物質（脳髄、脊髄）を豚と家禽に与えることが禁止された。この禁止令によって感染ルートは絶たれたとされ、以後生まれてきたのが「スーパーＮＡＩＦ」である。ところが狂牛病の牛はその後もまた見つかっており、「第三の感染ルート」を明らかにすることがフランス政府の課題とされている。現在、考えられる感染経路の中で最も有力視されているのは、第５章に述べられている土壌感染である。

38 垂直感染――世代を超えた感染、とくに母子感染のこと。これに対し、土壌汚染による感染や種の壁を超えた感染を「水平感染」と呼ぶことがある。

39 地域圏――フランスで県と国の中間にあたる行政単位。国内、海外を含め、二二の地域圏がある。

40 牛の餌に下水汚泥が混入――一九九九年、フランスの牛の飼料に下水汚泥が混ざっていたことが発覚。フランスのイギリス産牛肉禁輸措置に対する報復として、イギリス政府が明らかにした。イギリス国内では、フランス産牛肉のボイコット運動へと発展。一部のマスコミは「狂牛病戦争」と揶揄した。

41 アッシュフォードの事例――第６章参照。

42 エリカ事件――一九九九年十二月、フランスのブルターニュ沖で、燃料タンカーのエリカ号から重油が流出した事件。

43 ジョゼ・ボーヴェ――第５章参照。

44 アンドゥイユ――豚や子牛の臓物などを詰めたソーセージ。二〇〇〇年十月、フランスではアンドゥイユやアンドゥイエットの腸詰に牛の腸を使うことが禁止された。
45 アンドゥイエット――アンドゥイユの小さなもの。
46 ニワトリの糞によって牛が感染――第5章参照。
47 ニューカッスル病――一九二六年に初めて報告されたニワトリの伝染病。下痢や呼吸症状を示すが、症状の比較的軽いアメリカ型と、多くが数日で死亡するアジア型がある。
48 ケント、サリー――どちらもイギリス南東部の州。ケントはロンドンの南東、サリーはロンドンの南西に位置する。
49 ヒルの実験――第9章参照。
50 羊の肉の流通――フランスではその後、二〇〇一年からスクレイピーの規制措置が強化され、二〇〇二年一月には一万八〇〇〇頭の羊を対象とするスクレイピー緊急検査プログラムが導入された。日本では八四年に国内初のスクレイピー感染が報告されていたが、農水省がスクレイピーを法定伝染病に指定し、検査を厳しくするとともに死体の焼却を義務づけたのは九六年。なお、二〇〇一年に北海道北見市の家畜保健衛生所が行なった調査では、「九一年にスクレイピー感染ヒツジの内臓が肉骨粉加工業者に引き取られた可能性が高い」ことが判明している。
51 ダウナー牛――神経傷害を起こした牛。
52 ダマジカ――主としてアジア・太平洋地域の森林や低木地帯に生息するシカ。夏毛は淡い黄褐色。背中とわき腹に鹿の子模様の斑点がある。
53 アカシカ――主として西ヨーロッパ、アフリカ北西部、中国西部に生息するシカ。森林地帯に住むが、夏には高山帯に移動することもある。夏毛は赤褐色や灰褐色で、尾に暗色の縞模様がある。

54 *Mad Cow USA : Could the Nightmare Happen Here?* ——アメリカの狂牛病について、ジョン・ストーバーとシェルドン・ラントンが一九九七年に著した書物。

55 動物相——ある地域、またはある地質時代に見られるすべての種類の動物。

56 三つの検査法——正確には検査キットの種類。検査法を大きく分けると、ウェスタンブロット法とエライザ法の二種類があり、前者の検査キットがプリオニクステスト、後者の検査キットがエンファーテストとCEAテストである。プリオニクステスト、エンファーテスト、CEAテストは、それぞれエンファー・テクノロジー社（アイルランド）、プリオニクス社（スイス）、フランス原子力委員会が開発したもの。三種類とも、プリオンタンパク質に対する抗体の働きを利用している。欧州協議会の評価では、いずれも感度と特異性が「一〇〇%」とされる（「感度」とは、感染者が検査を受けて陽性となる確率。「特異性」とは、非感染者が検査を受けて陰性となる確率）。だが二〇〇一年十月、エライザ法による簡易検査で「陽性」とされ、ウェスタンブロット法による確定検査で「陰性」とされたケースがわが国で発生したことからもわかるように、現在のところ、どのような検査にも特異性と感度の限界がつきまとう。

57 赤ちゃんアマンダの事件——第8章参照。

58 フランスの薬害ＡＩＤＳ事件——一九八二年、汚染血液製剤によってＡＩＤＳに感染していた血友病患者が発見された事件。ファビウス元首相、デュフォワ元社会問題相、エルヴェ元保健相は、遺族から過失致死の容疑で刑事責任を問われ、九九年二月、エルヴェ元保健相に有罪の判決が下った。ファビウスとデュフォワは無罪。

59 自己血輸血——患者が手術をするまえ、輸血に必要となる血液をあらかじめ採血しておき、必要な血液を自分で賄うこと。ウィルス感染や輸血後の免疫副作用を回避できる。

60 イオンビーム——非常に高い運動エネルギーをもったイオンでできており、微生物への照射が可能な重粒子線。

61 *How, Now, Madcow?*——リーズ大学臨床微生物学教授のリチャード・レイシー博士が著した狂牛病に関する書物。

62 密売人ドゥコック——第8章参照

63 欧州委員会九九／五三四決議——「海面状脳症予防のため動物由来の廃棄物に適用する措置について」

64 硬膜移植——「乾燥ヒト脳硬膜」の移植。この移植からクロイツフェルト・ヤコブ病が発祥した例があるため、世界保健機構（ＷＨＯ）の「医薬品等に関する伝染性海綿状脳症（ＴＳＥ）専門家会合」では、今後硬膜を使用しないよう勧告が出されている。

関連年表

＊国名や国際機関名の記載がない場合、すべてフランス国内の事例を指す

一九八四年	一二月	イギリスでBSE感染牛が初めて報告される。
一九八八年	五月	「サウスウッド委員会」がイギリスで発足。
一九八九年	八月	「経営者が反芻動物の飼料には肉骨粉を使用しないと公約した場合」を除き、イギリスからの肉骨粉輸入禁止を決定。
一九九〇年	六月	BSEが法定伝染病に指定され、届出が義務づけられる。
	七月	牛の飼料用に肉骨粉を使用することが禁止される。
	九月	牛の特定臓器をイギリスからEC諸国へ輸出することが禁止される。
一九九一年	三月	ブルターニュ地方のコート・ダルモール県で、国内初のBSE感染牛が報告される。

一九九二年　八月　プルシナーが、アメリカにもBSEの存在する可能性があると発表。
一九九四年　一二月　すべての反芻動物への肉骨粉飼料が使用禁止とされる。
一九九五年　五月　イギリスで、新変異型クロイツフェルト・ヤコブ病患者の死亡例が初めて報告される。
一九九六年　三月　欧州連合が、イギリス産牛肉加工食品などの輸入を全面禁止。
四月　イギリスで、生後三十カ月以上の牛を屠畜処分。
▽　フィリップ・ヴァスール農相が、イギリス産の七万六〇〇〇頭の牛を屠畜処分すると決定。
六月　BSE感染の疑いがあるか、死因が明らかでない家畜の死体の焼却処分が義務づけられる。
七月　動物園のアカゲザルとキツネザルに伝染性海面状脳症（TSE）が発症。
▽　肉骨粉中の危険物質（脳髄・脊髄）を豚と家禽に与えることが禁止される。
八月　三人の新変異型クロイツフェルト・ヤコブ病患者が報告される。うち一人は食肉処理場

の作業員。

▽　家禽や魚類への飼料に牛の特定危険部位を使用することが禁止される。

一九九七年

九月　BSEが検出された牛の群れについて、政府が食肉処理の衛生措置を強化。

一〇月　国産牛肉のラベル表示が義務化される。

▽　カルバドス北部で狂牛病の発生が報告されたことにより、一九九一年からの国内通算は二八例目となり、屠畜された牛の数は約二万七〇〇〇頭に達する。

一一月　イギリスで、新変異型クロイツフェルト・ヤコブ病患者の血液から製造した血液製剤が回収される。

一九九八年

三月　欧州連合加盟国が、北アイルランド産牛肉のEC諸国への禁輸を解除。

九月　イギリスで、ナノフィルトレーションによりスクレイピーの病原物質が除去される。

一二月　アメリカのユタ州で、二十九歳の狩猟家が新変異型クロイツフェルト・ヤコブ病を発症。

野生のシカにBSEが蔓延している可能性が明らかとなる。

一九九九年

四月　フランス食品衛生局（AFSSA）設立。

七月　欧州連合が、イギリス産牛肉の禁輸措置を解除。

一〇月　政府はイギリス産牛肉の輸入を凍結。イギリスはフランス産農産物への報復を示唆。

▽　国内で、牛の餌に下水汚泥がよく用いられていたという事実が発覚。イギリス農水食糧相が「フランス牛肉の輸入停止もあり得る」と発言し、英国市場ではフランス産牛肉のボイコット運動が起こる。

二〇〇〇年

三月　欧州委員会が、フランスにおける肉骨粉飼料使用の実態調査を実施。その結果、肉骨粉がまだ使用され、死んだ家畜について当局への報告も行なわれていないなどの点が指摘される。政府はこれに対し、危険地域を中心に四万頭規模のＢＳＥ検査を行なうとした。

四月　ＢＳＥの報告例が、例年よりも早く増加。

五月　ＡＦＳＳＡが、腸詰類へのフランス牛肉の使用を禁止。

六月　「ＢＳＥサーベイランス調査プログラム」で、生後二十四カ月以上の四万八五〇〇頭の牛についてＢＳＥ検査を実施。

八月　国内で牛の供給量が不足したため、牛肉価格が上昇傾向を示す。

九月　欧州連合が、牛の生まれた国、飼育された国、屠畜された国の表示を加盟国に義務づける。

▽　ＡＦＳＳＡが家畜飼料の現状を調査し、法制度の整備を関係省庁に提言。

一〇月　大手スーパーのカルフールで、ＢＳＥ感染の疑いのある牛肉が販売される。

▽　ポーランド、ハンガリー、ロシア、スペイン、イタリアなどが、フランス産牛肉の輸入を中止。

▽　ジョスパン首相が、「肉骨粉使用を暫定的に全面禁止とする」と発表。

一一月　牛肉の国内消費量が四〇パーセント減少。給食への牛肉使用を中止する学校が急増。

▽　新変異型クロイツフェルト・ヤコブ病で亡くなった患者の遺族が、「ＢＳＥのリスクを認識していながら、対応措置を怠った」として、フランス政府、イギリス政府、欧州連合を告訴。

▽　プリオン検査が強化され、ＢＳＥ感染牛の検出数が激増。

▽　グラバニ農相が、酪農や食品加工などの牛肉関連部門について、処分のための買い上げ制度を含む総額三二億フラン相当の緊急支援措置を実施すると発表。

一二月　欧州連合が、肉骨粉を二〇〇一年一月から六カ月間使用禁止にし、生後三〇カ月以上の牛について全頭検査を行なうと発表。

二〇〇一年

一月　国内で、生後三十カ月以上の食肉用に屠畜された牛を対象に、週あたり一万頭から二万頭を目標とする検査プログラムが開始される。

二月　グラバニ農相が新たな畜産家支援策として、冷蔵手段の提供、買い上げ頭数の拡大などを発表。

四月　狂牛病と口蹄疫の影響で、農産物貿易の黒字額が前年同月より一〇億フラン減少。
七月　健康な牛の検査実施年齢を三十カ月齢から二十四カ月齢に変更。
▽　ＢＳＥが発生した牛の群れの全頭処分を継続。
▽　スクレイピーと考えられていた羊が狂牛病に感染している可能性もあることがわかり、羊の特定危険部位の除去が義務づけられるなど、スクレイピー対策が強化される。
一〇月　特定危険部位を豚や家禽にも使用禁止とする九六年八月の措置以降に生まれた牛から、七例のＢＳＥ感染牛が確認される。
▽　ＢＳＥ騒動と安価な輸入品の流通で牛肉価格が暴落し、全国牛肉連合（ＦＮＢ）などの牧畜業団体が抗議行動。これを受けて、グラバニ農相が子牛の買い上げなどを含む牛肉介入プランを発表。
一一月　一年前の全面禁止以来、肉骨粉の処理が滞り、在庫が蓄積して保管施設が不足。
▽　食品安全性を強調するオーガニック食肉などのＰＢ（プライベートブランド）商品戦略が展開される。
▽　外食産業でも、広報の強化や新メニューの導入などにより、ＢＳＥ騒動への対応がはかられる。
一二月　ＥＵレベルでイギリス産牛肉禁輸措置が解除された後も禁輸を継続していたフランスに対し、欧州裁判所が違法と裁定。

二〇〇二年

一月　BSEで大きな被害を受けた牛肉部門を再建するため、グラバニ農相が一戸あたり一〇〇〇ドル相当の給付を含む、総額一億四八〇〇ユーロ規模の新しい支援策を発表。

二月　さらなる経済支援を求める農民のあいだで不人気だったグラバニ農相が辞任し、新農相にフランソワ・パトリアが就任。

▽　BSEが確認されて屠畜処分となる牛の群れから、二〇〇二年一月以降に生まれた牛が除外される。

三月　ストラスブールの行政裁判所で、肉骨粉貯蔵倉庫の移転を命じる判決。

▽　羊もBSEに感染する可能性があることから、羊の腸が特定危険部位のリストに加えられる。

▽　パトリア新農相が、スクレイピーの根絶計画を発表。

▽　BSE感染牛の属していた群れの屠畜条件が、「全頭屠畜」から「選別屠畜」へと緩和される。

四月　トラックによる飼料輸送の際、肉骨粉が混入する可能性を農業省が調査。

訳者あとがき

本書はジャーナリストのエリック・ローランが二〇〇一年に著した書物 "*Le Grand Mensonge —— Le Dossier Noir de la Vache Folle*" の邦訳である。

原題を直訳すれば、『大嘘――狂牛病黒書』ということになる。

この「嘘」とは、狂牛病に関するフランス政府の対応を表わしている。ＢＳＥという新たな伝染病について、著者は政府が正しい情報を公開せず、予防措置を怠ってきたと説く。全国六〇万の酪農家からなる牧畜業連盟の政治的圧力により、食肉の安全性や特定危険部位ばかりが強調されてきた。牛肉のリスクを実証する科学データは無視され、実質的な対応の遅れが生じる。その結果、昨日まで衛生的とされてきた食品のまわりで、次々と明らかになる汚染の実態――。本書はそうしたフランス狂牛病の「裏白書」であり、原著のサブタイトルが「黒書」とされているのもそのためである。

原題以上に内容が告発的であることは、本文を一読しておわかりいただいたとおりだ。食品安全性に疑いを投げかける著者ローランの筆致は徹底している。農業省、保健省、全国農業経営者組合連合（FNSEA）、国立衛生医学研究所（INSERM）などへの批判が、ときに実名入りの糾弾となり、あるいは生々しい風刺画（カリカチユール）となる。

しかし、そうした表層のインパクトを超えたところで、著者ローランが読者に伝えようとしたのは何だったのか――。本書ではそうした関心を軸に、翻訳作業を進めてきた。ここではその内容について付言しておきたい。

一九九一年三月、ブルターニュ地方の小さな村で、最初のBSE感染例が報告され、フランス国内に衝撃の第一波が走った。続く第二波は、二〇〇〇年十月。大手スーパーのカルフールで、狂牛病の疑いのある牛肉が販売され、消費者の動揺はピークに達した。

第一波から第二波までの期間はおよそ十年。そのあいだにもいくつかの騒動があったが（関連年表参照）、ともかく一時は収束したかに見えた狂牛病だった。それが消費者の生活を直撃する問題として、再浮上してきたのである。狂牛病の起点となった隣国イギリスや、欧州委員会の警告にまでさかのぼれば、二十年もの長期に及ぶ行政対応のミス――。それを一から洗い直すきっかけになった二〇〇〇年の狂牛病パニックは、フランスの消費者にひとつの教訓を残した。

「狂牛病は、終りのない人災になるかも知れない」との認識である。

そもそも狂牛病は、なぜ「人災」と言われるのか。家畜の死体を「共食い」的に再利用し、低コストで高タンパクの飼料に変える、あの肉骨粉との因果関係が証明されているからだ。だが、「人災」は病因だけにとどまらない。イギリスやフランスでの情報操作が影響したという蔓延プロセスにも、土壌汚染や薬害といった新しい感染ルートにも、すべて人為が介在している。たとえ法的規制や検査体制がすべて整ったとしても、リュディ・ドゥコックのような密売業者や、肉骨粉処理をめぐる「不注意」が横行するなら、それもまた「人災」である。さらに、第四章で述べられている飼料混合は、交錯汚染（contamination croisée）の一形態とされるが、まともな運搬や処理のプロセスにおいてさえ、このように汚染の危険は潜んでいる。

宣伝を含む情報の氾濫や、合法・非合法のさまざまな人為が錯綜するなかで、次々と新たな感染リスクが生じるとしたら、この病気の根絶を誰が保証できるだろうか。

こうした教訓は、わが国にもそっくり当てはまる。検査や自粛についての場当たり的な発表や、後手にまわる対策で国内を混乱させた農水省と厚生労働省。輸入牛肉を「国産」と偽って販売していた雪印食品などの大手食品メーカー。これらのきっかけともいえる日本最初のBSE感染例が報告されたのは、著者ローランが本書をまとめた直後のことである。

いまのところ、わが国に新変異型クロイツフェルト・ヤコブ病の症例は確認されていない。ただし、容易に根絶できないこの「人災」は、長い潜伏期間を置いて突然発症し、いつか社会を根底から揺るがす危険がある。

過去十年の狂牛病経験をもつフランスと、プリオンの脅威に初めて遭遇したわが国の接点も、おそらくそうした危機感に象徴される。その意味で本書の邦題は、『終りなき狂牛病――フランスからの警鐘』とした。

著者エリック・ローランは、民族紛争、難民、死刑囚など、極限状況に置かれた社会や人間をテーマにしてきたジャーナリストである。医療や環境の分野、とりわけ未解明な問題の多い狂牛病を扱った本書でも、コストリミットが生産手段にもたらした歪みのなかに、グローバル経済社会の極相ともいえる一断面がとらえられている。肉骨粉保存施設についての章で、「わが国はたとえ原発をやめても電力は生産できるが、食肉の生産はやめることができないのだ」と述べる著者の言葉に、改めて危機意識の強さ、深さを見る思いがする。

さて、訳者が緑風出版から本書の話をいただいたとき、国内では二例目の狂牛病感染牛が見つかったところだった。ひととおり訳出を終えたいま、四例目の報告がメディアを騒がせている。結局この数カ月間、狂牛病報道が皆無という日は一日もなかったのである。『終りなき狂牛病』というタイトルが、じつは「大嘘」だったと言える日を、訳者としてはむしろ願ってやまない。

末筆になるが、本書の企画と編集全般でたいへんお世話になった緑風出版編集長の高須次郎氏、また斎藤あかねさんなどスタッフの方々に、心から謝意を申し上げたい。

二〇〇二年五月

門脇　仁

［著者略歴］

エリック・ローラン（Eric Laurent）

フランスのジャーナリスト・社会派作家。パリのPlon社で書籍編集部長を務める。

【著書】*La Puce et Géants*（『ノミと巨人と』、Fayard刊）、*La Corde pour les Pendre*（『絞首刑』、Fayard刊）、*Guerre du Golfe*（『湾岸戦争』、Olivier Orban刊）、*Guerre du Kosovo*（『コソボ紛争』、Plon刊）、*Karl Marx Avenue*（小説『カール・マルクス通り』、Fayard刊）など。

［訳者略歴］

門脇　仁（かどわき　ひとし）

ライター・翻訳家。1961年生まれ。慶應義塾大学文学部仏文科卒業後、国際援助専門誌の記者を経て渡仏。パリ第8大学人間環境学科修士課程修了。帰国後、環境省所管の公益法人主任研究員を経て、98年よりフリー。地球環境関連の生産技術やナレッジをテーマに、執筆と翻訳を手がける。

【著書】「主要先進国における最新廃棄物法制」（共著。社団法人商事法務研究会）。

終(おわ)りなき狂牛病(きょうぎゅうびょう)—フランスからの警鐘——

2002年6月20日　初版第1刷発行　定価2200円十税

著　者　エリック・ローラン
訳　者　門脇　仁
発行者　高須次郎
発行所　緑風出版©
〒113-0033　東京都文京区本郷2-17-5　ツイン壱岐坂
[電話] 03-3812-9420　[FAX] 03-3812-7262
[E-mail] info@ryokufu.com
[郵便振替] 00100-9-30776
[URL] http://www.ryokufu.com/

装　幀　堀内朝彦
写　植　R 企 画
印　刷　長野印刷商工　巣鴨美術印刷
製　本　トキワ製本所
用　紙　大宝紙業　E2000

Printed in Japan　ISBN4-8461-0209-2　C0045

―クリティカル・サイエンス1

遺伝子組み換え食品の危険性

緑風出版編集部編

A5判並製　二二四頁　2200円

遺伝子組み換え作物の輸入が始まり、組み換え食品の安全性、表示問題、環境への影響をめぐって市民の不安が高まってる。シリーズ第一弾では関連資料も収録し、この問題を専門的立場で多角的に分析、その危険性を明らかにする。

―クリティカル・サイエンス3

遺伝子組み換え食品の争点

緑風出版編集部編

A5判並製　二八四頁　2200円

豆腐の遺伝子組み換え大豆など、知らぬ間に遺伝子組み換え食品が、茶の間に進出してきている。導入の是非や表示をめぐる問題点、安全性や人体・環境への影響等、最新の論争、データ分析で問題点に迫る。資料多数！

―クリティカル・サイエンス4

遺伝子組み換えイネの襲来

遺伝子組み換え食品いらない！キャンペーン編

A5判並製　一七六頁　1700円

遺伝子組み換え技術が私たちの主食の米にまで及ぼうとしている。日本をターゲットに試験研究が進められ、解禁されるのではと危惧されている。遺伝子組み換えイネの環境への悪影響から食物としての危険性まで問題点を衝く。

増補改訂遺伝子組み換え食品

天笠啓祐著

四六判上製　二八〇頁　2500円

遺伝子組み換え食品が多数出回り、食生活環境は大きく様変わりしている。しかし安全や健康は考えられているのか。米国と日本の農業・食糧政策の現状を検証、「日本の食卓」の危機を訴える好著。大好評につき増補改訂！

遺伝子組み換え企業の脅威

モンサント・ファイル

グレアム・マーフィ著　四元忠博訳

A五判並製　一八〇頁　1800円

バイオテクノロジーの有力世界企業、モンサント社。遺伝子組み換え技術をてこに世界の農業・食糧を支配しようとする戦略は着々と進行している。本書は、それが人々の健康と農業の未来にとって、いかに危険かをレポートする。